生态庭院造景系列

私家庭院设计

丛书主编　董　君　本册主编　何　欢
策划　北京吉典博图文化传播有限公司

中国林业出版社
China Forestry Publishing House

图书在版编目（C I P）数据

私家庭院设计 / 董君主编 .-- 北京 : 中国林业出版社， 2013.3（生态庭院造景系列）

ISBN 978-7-5038-6972-3

Ⅰ . ①私… Ⅱ . ①董… Ⅲ . ①庭院－园林设计－图集 Ⅳ . ① TU986.2-64

中国版本图书馆 CIP 数据核字 (2013) 第 038922 号

【生态庭院造景系列】——私家庭院设计

中国林业出版社 · 建筑与家居出版中心
出版咨询： (010) 8322 5283

出版：中国林业出版社 （100009 北京西城区德内大街刘海胡同 7 号）
网址：www.cfph.com.cn
E-mail：cfphz@public.bta.net.cn
电话：（010）8322 3051
发行：中国林业出版社
印刷：北京利丰雅高长城印刷有限公司
版次：2013 年 4 月第 1 版
印次：2013 年 4 月第 1 次
开本：210mm×270mm 1/16
印张：9
字数：100 千字
定价：39.00 元

目录 CONTENTS

案例 1

月湖山映景

Moon Lake Mountain Landscape Reflects

项目地点：上海
庭院面积：1500 平方米
设计公司：上海淘景园艺设计有限公司

这是一个独栋别墅的庭院，建筑的风格样式呈现了新古典的风格特征，典雅而大气。花园的设计突出了建筑的主要性格特征，并体现简约、明快及温馨的生活氛围。置身其中能体会到一种层峦叠翠的丰富之感，山水之情尽显。

花园用大面积的草坪作为建筑主要室外景观空间，考虑了室内外空间之间的相互对应关系，保证了整体大气、简约的特征，保证室内外空间视野的开阔感;宽阔而平坦的草坪为欣赏建筑外观供了驻足的场地，避免建筑给人形成的压抑感。花园内的边界空间采用高低搭配的植物装饰形成优美的边界轮廓线，丰富了空间的造型。这些处理手法体现了设计师对材质及空间处理的娴熟技艺，使得不同庭院装饰元素之间的衔接与过渡自然而柔和，没有生硬之感。水景的叠石与跌水设计厚重而典雅，驳岸的卵石堆砌呈现的自然状态与边界的植物搭配野趣横生，而水景边上的汀步很好地引导了人的视线，行进在其中，给人以曲径通幽的感觉，叠水造型即具有中国山水式的典雅，同时增加的潺潺流水之音也为庭院添加了另外一个层次的感官体验，丰富了庭院的欣赏角度。由天然石材精雕细刻的石桥小巧精致，突出了院落主人的修养及审美。

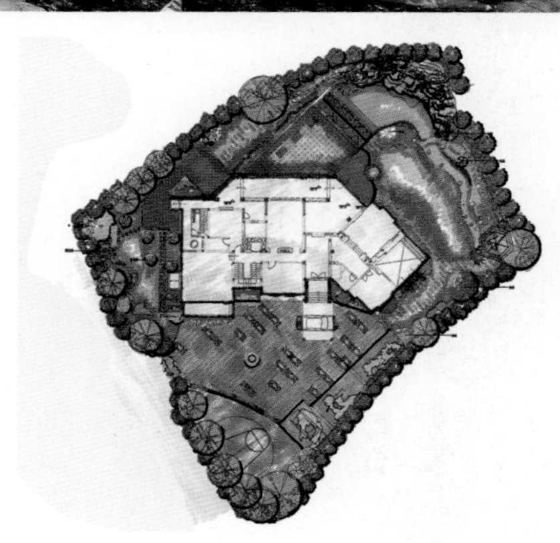

设计点睛 

大面积的草坪铺设

花园大面积的草坪、叠水造景、活动空间等构成主要视觉元素，并以此来表现多变的庭院空间层次。草坪的大面积使用也为整个空间营造了一个开阔的环境氛围。

设计点睛 

开门见山的入户区设计

以简约、大气的表现手法承托花园入户区的空间气势，由硬质大理石铺装而成，空间的视野开阔，总体风格与建筑的外立面相协调，统一感强，突出了典雅大气的性格特征。

设计点睛 

简洁的园径

与千回百转的通幽曲径不同，由石板铺就得到园路简洁开敞，直通木桥，旁伴叠石水景相映成趣，惹人喜爱。

设计点睛 

转角遇到潺潺流水

叠水旁的这处景致与开阔的草坪不同，突显了造园手法中的移步异景，转过来遇到潺潺的流水，遇到花木的掩映，遇到幽静的石桥，终于遇到了曲径通幽处。叠石非常的讲究，层次分明，流水的路径也非常优美，给人以美的享受。仔细看下边的小石桥，精巧细致，不失大雅风范。

木桥下鱼游欢

设计点睛 

木桥与环境很好的融合，桥下的鱼塘里鱼戏莲叶间，美景迷人，怡然自得。满园的植物纷纷扰扰，满眼的阳光温暖舒适。

设计点睛 

凉亭下花木丛生

花园的空间层次主要通过植物的疏密搭配、不同时节的色彩变化及简洁的造型来实现，以植物的造型来突出浪漫、亲切的主题空间。

设计点睛 7 池阔凭鱼跃

水池虽浅，但却非常开阔，白沙岸头与自然堆石的驳岸形式妙然搭配，自然美观，远处潺潺的流水游动的艳丽鱼儿，都为这水景增色不少。

锦鲤【科属分类】鲤科，鲤属

锦鲤学名：*Cryprinus* carpiod 在生物学上属于鲤科（Cyprinidae），鲤科是所有鱼种中最大的一科，超过 1400 种鱼种。是风靡当今世界的一种高档观赏鱼，有“水中活宝石”、“会游泳的艺术品”的美称。由于它对水质要求不高，食性较杂，易繁殖，故受到人们的欢迎。

锦鲤，原产地在中亚细亚，后传到中国，在中国古代宫廷技师按照培育金鱼的方法筛选出的符合大众审美观的锦鲤变异品种，近代传入日本，并在日本发扬光大。许多优良品种都是日本培育出来的，也因此许多锦鲤都是用日本名称来命名的。它是日本的国鱼，被誉为“水中活宝石”和“观赏鱼之王”。锦鲤体格健美、色彩艳丽、花纹多变、泳姿雄然，具极高的观赏和饲养价值。其体长可达 1 ～ 1.5 米，寿命也极长，能活 60 ～ 70 年（相传有 200 岁的锦鲤），寓意吉祥，相传能为主人带来好运，是备受青睐的风水鱼和观赏宠物。

游乐园的畅想

秋千、滑梯、篮框这都是游乐的海洋，无论是孩子们玩耍其中还是大人们看着孩子们嬉戏，或是一试身手，都是无尽的享受，是欢快的乐园。

案例 2

秋水共长天一色

The autumn river shares a scenic hue with the vast sky

项目地点：中国 上海市
占地面积：5400 平方米
设计单位：上海溢柯花园设计事务所

落霞与孤鹜齐飞，秋水共长天一色，驻足在建筑与泳池之间室外空间，放眼望去的大湖与泳池形成一个整体，产生了大湖延至园内的幻觉，置身于泳池内，完全是水天一色的感受，具有超强的视觉震撼力，形成了身在大湖畅游的错觉。

本案建筑风格为简化的新古典主义样式，建筑总占地 5000 多平方米，花园呈扇型面向大湖水。花园的主人对生活方式的需求有着明确的要求，在花园的总体规划中经过多稿的沟通交流，逐渐形成了本案的布局。总体有以下功能空间组成：超大的锦鲤池、小锦鲤池、网球场、户外 SPA 池、烧烤区、果树林、菜园、竹林、日式景区等。

园内各个景观区注重与水这个元素的关系，强调水景的形式与个人爱好及生活方式之间的有机联系，很好的协调了园林总体形象与大湖景观间的视觉关系。户外 SPA 区与大锦鲤区紧邻大湖的驳岸，形成天然流动的动感趋势，并充满生生不息的动势，设置了露天淋浴区，区内的花草树木萦绕于周围，完全融入自然的设计。

本案是一个场地巨大的私家园林，每个不同的功能区都有足够的面积来支撑，但方案的规划并没有因为场地的巨大而显得单调或空旷，园子内许多经典的细部设计弱化了这些矛盾，弥补了巨大尺度空间可能形成的冷漠感，让整体看上去大气，而细节给人更加亲近的感受。

设计点睛  园子紧邻大湖环境优美

简约版的新古典主义建筑风格铸就了整体环境的典雅与大气的性格特征，本案园林设计风格充分延续了建筑的风格样式，突出简约大气，自然纯朴的环境氛围。

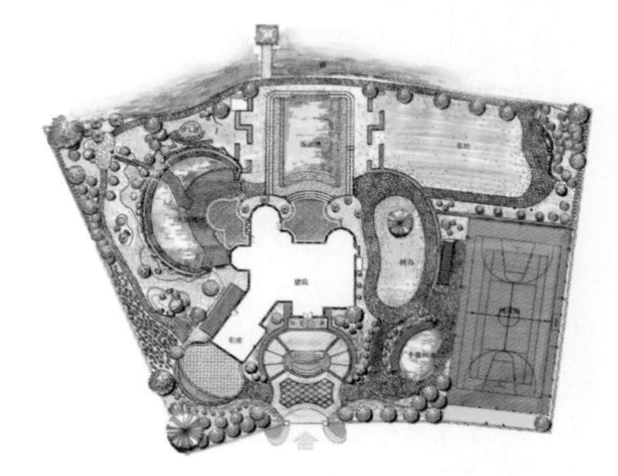

设计点睛 2

突出天然野趣的情境

大锦鲤池的边界上设置的天然巨石活跃了边界的氛围，强烈的动感跃然浸入人的眼帘。这一切精心的规划为此处景观元素增添了生动的细节。

设计点睛 3

锦鲤池边的就餐露台

在享受美味的同时亦可欣赏池中游动的锦鲤，美味与美景尽可揽入怀中；如浸在 SPA 池中可仰望天空并呼吸清新的空气，放松的心境将一切的喧嚣驱散得踪影全无。

设计点睛 4

SPA 轻松自然

户外 SPA 区与大锦鲤区紧邻大湖的驳岸，形成天然流动的动感趋势，并充满生生不息的动势，设置了露天淋浴区，区内的花草树木萦绕于周围，完全融入自然的设计，为主人提供了完全放松的体验方式。

设计点睛 

殿内处处赏水景

建筑布局是典型的美式豪宅格局，为保证建筑的房间可以欣赏到水景，运用放射状的布局结构，这种建筑布局势必形成对很多的尖角面向园子的不同方位。本案的平面布局采用曲线作为边界造型的主要限定形式，合理的规避了以上问题。碧蓝色的泳池粼粼波光，隐约映出建筑的倒影，池边的绿篱整齐规矩，还有棕榈植物的映衬，有着典型的欧式风情。洋房的设计新颖，面对泳池而设，随时都可以将这碧波清风尽收眼底。透过巨大的落地窗欣赏着美景，一定有着不一样的感受，坐拥其上，一览众小。

设计点睛 

雅致的小锦鲤池

优美的曲线构成的边界线在整个庭院空间中增加了圆润的元素，与周边的水景共同烘托了温馨、浪漫的轻松氛围。

设计点睛 

原生态驳岸

大量堆叠的石头给人以返璞归真的感觉，在茂密的植物掩映下，海蓝色的马赛克水池贴砖颇具地中海风格，目之所及尽享放松、舒适，环绕其间的盆栽花卉在环境中点缀彰显自然之趣。

设计点睛 

趣味草坪灯

打破常规的造型设计，为整个庭院增添了一抹亮色，与周围环境完美融合，体现出个性化的设计思路。

设计点睛 9

室外沐浴回归本真

在蓝天碧水植物掩映之中享受沐浴的喜悦，让人由内而外得到洗礼，木质踏垫与围绕的竹栏栅，回归本真的自然。旁边设有铁艺桌椅方便休憩和下午茶，在自然的怀抱里享受惬意的午后。

旱荷叶【科属分类】菊科
毛裂蜂斗菜，多年生草本，花茎高达60厘米。全株被较厚的蛛丝状白绵毛。叶基生，有长叶柄，叶片肾形，长8～10厘米，宽8～12厘米，先端圆形，基部耳状心表，边缘齿状，上面被疏绵毛，下面被较厚的蛛丝状白绵毛，具常状脉，于花后出现。花雌雄异株；花茎从根茎部抽出，雌株花茎高约60厘米；苞叶卵状披针形，长3～4厘米；雌头状花序直径约8毫米，排成密集的聚伞圆锥花序生于花茎顶端；总苞片1层，披针形，长约9毫米，急尖，外面常有附加较小的苞片；雌花花冠先端4齿裂，裂片钻形，花柱细长，柱头2裂；雄头状花序聚伞圆锥状，排列疏散，花冠筒状，裂片披针形。瘦果；冠毛白色。花期4～5月。扩张血管，清热解暑，有降血压的作用，也是减肥的良药。

案例 3

自然野趣怡情园

Natural Appreciates The Chief Use For Delight

项目地点：上海
庭院面积：900 平方米
设计公司：上海溢柯花园设计事务所

享受诗一般的视觉美景，听到自然的流水之音，闻到草皮清新的气息，真正可以体验视觉、嗅觉、听觉的自然大餐，让人心情舒畅。能够有与人心情如此细腻的感受，细节的设计尤为精致。驻留在木质平台之上可以欣赏到水池美景的最佳视角，也为主人提供了一个可以品茶赏景的好去处。

这个别墅花园是主人对其进行的第三次升级设计建造，从整体上做了更明确的规划。这个私家花园共分为 4 个区域：前院、东院、北院和西院，前院空间比较小，光照较好，东院以草坪为主，北院重新翻造扩大了水池，西院地形较狭长平常作为快速通过的通道。

前院位于建筑窗前，原有的设计风格为法式，在本案的改造中保持不变。行走在北院之中，水池驳岸随着曲线在不同的位置发生着改变，不同种类的绿植被精心安排在变化的曲线上打破了边界的呆板，让水池更有生命感；水景区内水的变化也是多样的。

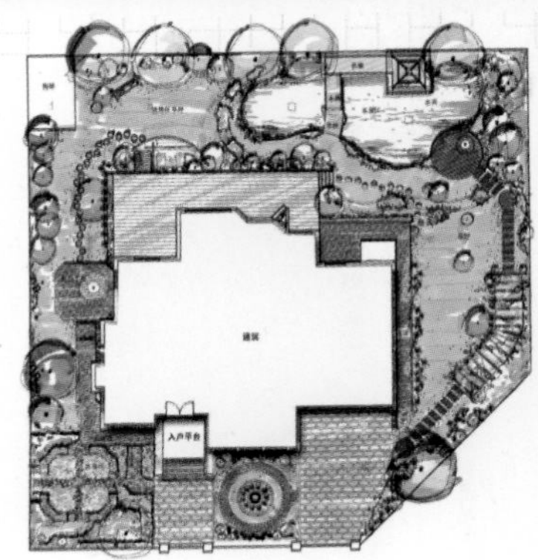

设计点睛 

浪漫的秋千

草皮旁设置的秋千成为欣赏庭院美景及美丽天空的驻留之处，即可欣赏落日余晖，又可在摇椅内放松心情。

设计点睛 

开阔的草坪设计

东院的设计为大面积的草坪，强调视野的开阔性，行走至此营造的是天高晴朗的视觉感受，周边没有过多的视线干扰，草地上的圆石汀步与草皮形成质感的反差，突出了自然清新的氛围。茂盛的植物把木廊处封堵得密不透风，让人仿佛能从老远就闻到那湿漉漉的植物芬芳与泥土的气息。

野趣岸头生

设计点睛 

移步至北院，自然野趣映入人的视野，环绕着水池的边界可以欣赏卵石雕琢的驳岸，驳岸舒缓的曲线形成了池水清澈透底的效果，缓步岸边自然有清新爽朗的心情爬上心头。

野鸭踏青来

一排野鸭石雕拍成一线，母子一行，充满谐趣。水池旁矗立的木亭与垂柳，倒影在池底的清水之中，木桥横跨水池之上，一幅小桥流水人家的美景映入人的眼帘。虽然是一些雕塑，但这样的象征手法的运用，让人很容易就被带入了美好田园风光之中，乐在其中。

设计点睛 

窈窕垂柳

从东院遥望北院，可以看到北院水池旁矗立的木亭和窈窕的垂柳，这些景致在东院内的任意角落驻留时已成为回眸一望的美景，深深刻在人的视线里。

设计点睛 

叠水而来

行至水池的尽端，设置一处片石构成的假山，山内设置了流水的叠瀑，潺潺流水之声亦可环绕于耳。杨柳青青，池水依依，心情回归到了松弛的美妙之中。

设计点睛 

水韵潺潺

有垂直跌落的水，亦有池中突泉的水，这一切形成了水的韵律。在水岸的边界与草皮之间，木质的平台与草皮之间用漂亮的花草来镶嵌，让一切设计元素之间变得更加自然、柔和而温馨。

设计点睛

玫瑰生香

西院是为玫瑰园设计的，原有的玫瑰是女主人为先生栽的，散种在花园各个角落，在花期花朵显得零零落落，经过改造统一集中到玫瑰园，便于管理、观赏。木质的花篱营造着温馨浪漫的氛围；简洁的户外烧烤炉为庭院生活添加了别样的情趣。

设计点睛 9

童话乐园

本案呈现给人的感觉一切是柔和的，建筑与周边的关系由木质平台相连接，天使造型的水池给人以童话的幻想。

垂柳【科属分类】杨柳科，柳属

柳树，落叶乔木，耐寒，耐涝，耐旱，喜温暖至高温，日照要充足。特性：落叶大乔木，柳枝细长，性喜湿地，高可达 20 ～ 30 米，茎 50 ～ 60 厘米，生长迅速；树皮组织厚，纵裂，老龄树干中心多朽腐而中空。枝条无毛；冬芽线形，密着于枝条。叶互生，线状披针形，长 7 ～ 15 厘米，宽 6 ～ 12 毫米，两端尖削，边缘具有腺状小锯齿，表面浓绿色，背面为绿灰白色，两面均平滑无毛，具有托叶。花开于叶后，雄花序为葇荑花序，有短梗，略弯曲，长 1 ～ 1.5 厘米。果实为蒴果，成熟后 2 瓣裂，内藏种子多枚，种子上具有一丛绵毛。插枝繁殖。中国台湾，约于明朝末年时引进，迄今已有三百余年历史。对空气污染及尘埃的抵抗力强，适合于都市庭园中生长，尤其于水池或溪流边。

柳是报春的使者，杜甫有诗："侵陵雪色还萱草，漏泄春光有柳条。"它告知杨柳是春天气息的预报员，因而自古以来，人们都喜爱杨柳，形成许多与柳有关的民间风俗和情趣盎然的柳文化。

案例 4

绿藤花园
Green Rattan Garden

项目地点：上海
庭院面积：500 平方米
设计公司：上海溢柯花园设计事务所

绿藤盘绕，洁白廊架，自然的水池旁竹筒流水潺潺，流过石磨盘的表面，亭中小坐乘凉品茶，耳听雨打芭蕉的乐曲，看着满眼的绿，洋池的水，满心的舒适与清凉。

别墅庭院设计改建简述：本案例是位于比华利的独栋别墅庭院，而比华利别墅社区本身就是一个有良好景观与园艺氛围的社区。应主人要求对该庭院花园做局部的整改，从 EcoG 的庭院设计到最终实施方案来看，做到了使整体格局变得更为合理，哪怕别墅花园的局部整改也要从全园出发，才能使别墅花园庭院最大幅度的提升景观品质。各个区域的衔接和转换更流畅，特别是白色廊架的增加，使花园更具个性特色。

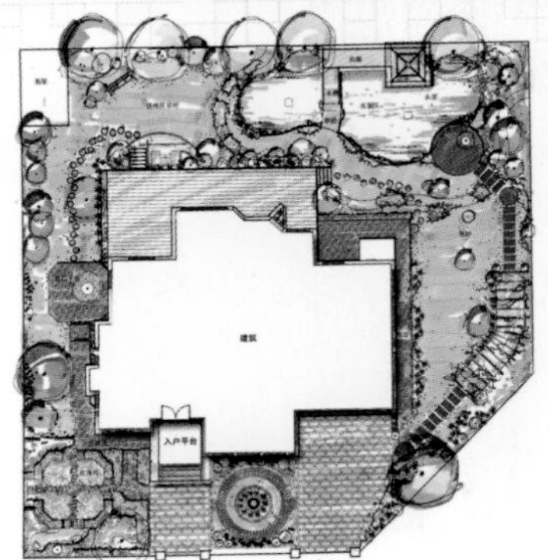

入口亲切

设计点睛 

花园入户门尺度小巧亲切，且用木网片和藤架装饰，是女主人非常喜爱的一个设计点。

设计点睛 

浪漫的白色拱门

进入花园后是原有的小径，重新定位制作的 3 个白色拱门扩大了尺寸，并在定位时考虑避开建筑墙角，选取从窗内往外看时的最佳角度，满足了多方位的视点需求。

设计点睛 

廊架悠长

蜿蜒的硬质弹石小路延伸至亲水平台，增加了大块草坪的变化与乐趣。藤架长廊原是直线形的，在临水面新增加了一段，使藤架成 L 形，延长了游览路线，转折的走向也使行进时更有趣味。

设计点睛 

当果实挂满藤架

葡萄藤架的尺度也扩大了，使它能更有力地支持葡萄挂果，同时足够大的树下空间也可提供主人家休憩就餐。地坪新做了花岗岩石收边，使整个地面看上去更精致。

设计点睛 

芭蕉掩映木亭凉

木亭周围主要是依靠植物去装饰和界定视线。芭蕉和竹子布置亭子的背景，营造茂密疏懒的东南亚情调。小水池被保留，清除周边多余的构造物，只有小植物点缀使她更显玲珑精美。

美人蕉【科属分类】美人蕉科，美人蕉属

美人蕉（英文名：Canna lily）别名：兰蕉、昙花，多年生草本植物，高1～2米，植株无毛，有粗壮的根状茎，为姜目，美人蕉科。花期：夏、秋季，花语：坚实的未来，花色：白、红、黄、杂色。原产印度，现在中国南北各地常有栽培。

喜温暖和充足的阳光，不耐寒。要求土壤深厚、肥沃，盆栽要求土壤疏松、排水良好。生长季节经常施肥。北方需在下霜前将地下块茎挖起，贮藏在温度为5℃左右的环境中。因其花大色艳、色彩丰富，株形好，栽培容易。露地栽培的最适温度为13～17℃。对土壤要求不严，在疏松肥沃、排水良好的沙壤土中生长最佳，也适应于肥沃粘质土壤生长。分株繁殖或播种繁殖。分株繁殖在4～5月间芽眼开始萌动时进行，将根茎每带2～3个芽为一段切割分栽。性喜阳光、温暖、湿润。全国各地适应。霜冻花朵及叶片凋零。美人蕉属多年生球根根茎类草本植物，粗壮、肉质的根茎横卧在地下。性喜温暖湿润，忌干燥。在温暖地区无休眠期，可周年生长，在22～25℃温度下生长最适宜；5～10℃将停止生长，低于0℃时就会出现冻害。保持8℃以上室温，待次年春季终霜后种植；也可在2月以后进行催芽分割移栽。

案例 5

水韵碧桂园

Shui Yun On Country

项目地点：广东 广州
庭院面积：400 平方米
设计公司：广州·德山德水·景观设计有限公司

高挑的竹林，意在捕捉柔和的微风，即使在炎热的天气也能给人一种凉爽的感觉。就像天然的沙丘草被海风拂过一样，竹林在微风中摆动，令人神往；不论是在室内欣赏，还是躺在水池旁边，这种景象都能够让人身心放松。赏心锐目的竹林与超凡脱俗的蓝色水池一同构成了这个 20 世纪 50 年代复古景观的亮点。

线条清晰的设计彰显出住宅婉约的建筑风格，而现代的室内设计则更让人耳目一新。客户希望新花园和硬质景观的改造能够与室内设计相辅相成，共同打造出诗情画意的带有水景的宽敞中庭空间，为客人提供水疗般的体验。植物聚集在一起，用颜色划分出各自的领域，竞相夸耀着自己雕塑般动人的身姿。简洁、优雅的草坪围绕在水池的后面，仿佛一间铺着地毯的屋子，而独特的紫薇花树则成为了空间的装饰音符。紫薇花树和草坪共同打造出了水池水疗的体验。

入口庭院的聚餐花园以冷色为基调，种植了蓝色的肉质植物、蓝色的草、各种深紫色的树和攀爬在不锈钢格栅上的开紫花的藤本植物。风景植物成为了景观中的活雕塑，柔和的灯光从后面照射出来，衬托出弯曲的墙壁。这里成为花园的主要舞台，与招待客人、举行宴会的正式餐厅相邻，为花园注入一种戏剧般的氛围。花园中的树精心地布置在花园的外围，仿佛留声机上的唱针一样。人造玻璃门和木门、固定板和车库门用现代的方式对手工制品加以诠释，配以主人收藏的一些室内装饰，使室外建筑焕然一新。

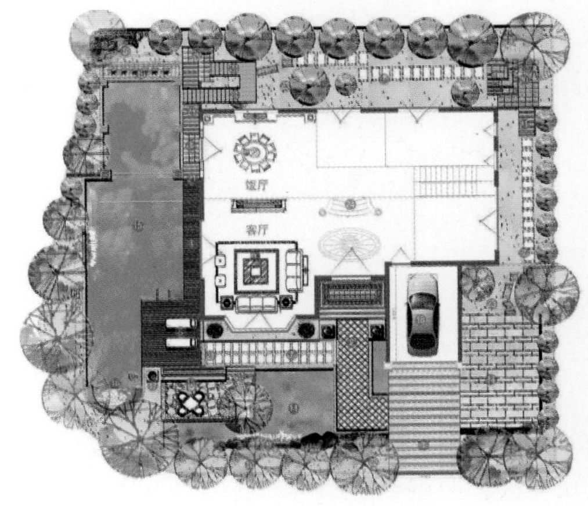

珠宝盒般的温泉水池

设计点睛 

进入开敞的房间以后，可以直接看到后面的花园。花园里有一个用虹彩玻璃瓷砖建造的温泉水池，犹如一个“珠宝盒”一样闪闪发光，在宁静的花园中发出潺潺的美妙声音，倒映着美丽的夕阳。

设计点睛 

面水休憩，恬静于心

这个仙境般水景的简约色调与前面入口与餐厅花园中冰蓝色植物的色调融合在一起。原来的路面大部分都采用红砖铺设，而新路面则采用木质地板铺设，不仅很好地控制了线条，而且在景观中形成了坚固的建筑平面。

设计点睛 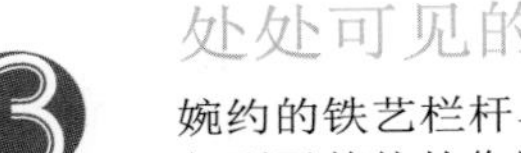

处处可见的自然符号

婉约的铁艺栏杆与竹编的卷帘，增强了自然之感，浪漫清新。眷恋的大面积使用，起到了整体的作用，色块的整体，质感与肌理统一于平衡中。

设计点睛 

原木铺装

酣畅游来，足踏实木的地板，躺在竹编的凉椅上尽享返璞归真的田园之乐。

橘树【科属分类】芸香科柑桔属
常绿乔木，初夏开花，白色。在深秋的时候结果。果实叫橘子，味甜酸，可以吃，果皮可入药。乔木，高 2 ～ 3 米。枝多叶密，花小白色，萼片黄绿色，花瓣 5。果实扁圆形或馒头形，果熟期 12 月中旬。
在北方均做盆栽。金橘一般三年左右换一次盆，盆栽金橘换盆应该在开花以前，先将植株从盆中磕去，用剪刀将外层过密的根剪掉。新盆的大小视植株的生长情况而定，如生长好的应选择大盆，盆底也需用碎盆片做好排水层，垫一层土后放入几片马蹄片，再垫一层土，然后将植株放在土上，培养土要求富含腐殖质、疏松肥沃和排水良好的中性土壤，边填土边压实，最后浇一次透水，放置于遮荫处。

设计点睛

迷你瀑布

如瀑布般流淌而下的水体，晶莹碧透，简约之中无不透出现代感丰富的气韵。此处的跌水设计，虽然体积上不大，但是很具有吸引力，是一种经过雕琢的美丽，很有设计感。

案例 6

御翠园

Green Garden

项目地点：上海
庭院面积：300 平方米
设计公司：上海溢柯花园设计事务所

曲线婀娜的南院，弧形墙面错落有致，石材厚重承载了空间的力量，植物安放其间，别致巧妙，花坛树池与石材搭配得当，开阔的草坪，蜿蜒的石板路，木架藤椅，无不在阳光充沛的午后酝酿大自然的美好与闲适。

本案的总体空间规划充分考虑了环境与建筑之间的关系，南院的入户区设计得比较别致，由弧形曲线围合而成的大门在轴线上正对着建筑的大门，为了在视线上避免两个门之间的对冲关系，设计师运用弧线的交叠关系使庭院大门的方向与建筑大门方向形成垂直的角度，大门面向东方，大有紫气东来之意，面对庭院的入口，大门变得隐蔽，只能看到优美的曲线作为空间的延展伸向庭院的深处。

本案的景观设计通过对不同景观区域的围合界面和高差的处理将各个园林空间与建筑之间形成有机的联系，并使之统一成一个整体，塑造了舒适安逸的英伦风情的庭院景观空间。

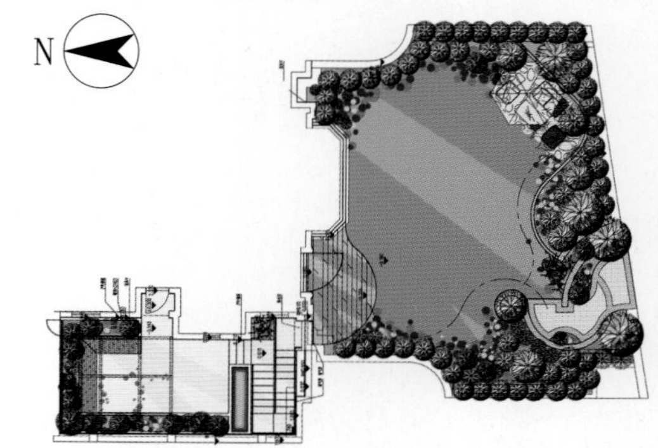

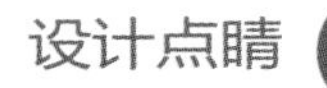

曲线中尽显柔美

运用曲线造型作为南院的造型元素规避了庭院的大门与住户的大门直接贯通，曲线造型弱化了方正的场地形成的尖角面对建筑的室内空间。

设计点睛 

英伦之风的魅力

白色的涂料与红砖的围墙压顶呈现了维多利亚式的英伦之风。门前的地灯及邮箱则突出了浓浓的生活气息。不论是墙面的流线设计还是大门的铁艺风格，都是值得赞扬的，既有创新，又不失传统的美感。庭院灯的选择也是恰到好处。

设计点睛 

林中小憩

绿树灌木掩映下，林中小憩，在木椅木凳间享受午后的阳光，约一两好友品茗细谈，度过一个慵懒而美好的午后。

设计点睛 

花池与草坪的约会

南院的周边是曲线造型的花池与较高的树篱，为庭院围合出私密空间，中间是大面积的草坪，这里给人以开阔的视觉享受，并为相邻的建筑室内空间留出了更加通畅的视线。

设计点睛 5 木质的楼梯

花园的下沉庭院通过一部室外楼梯增加了庭院间的相互联系，同时也丰富了欣赏下沉空间的观看动线，通过楼梯在垂直的视线上来观赏下沉花园的美景有另一番情趣。

大叶黄杨【科属分类】卫矛科，卫矛属

常绿灌木或小乔木，高达 5 米；小枝近四棱形。叶片革质，表面有光泽，倒卵形或狭椭圆形，长 3 ～ 6 厘米，宽 2 ～ 3 厘米，顶端尖或钝，基部楔形，边缘有细锯齿；叶柄长约 6 ～ 12 毫米。花绿白色，4 数，5 ～ 12 朵排列成密集的聚伞花序，腋生。蒴果近球形，有 4 浅沟，直径约 1 厘米；种子棕色，假种皮桔红色。花期 6 ～ 7 月，果熟期 9 ～ 10 月。

大叶黄杨为温带及亚热带树种，产我国中部及北部各省，栽培甚普遍，日本亦有分布。喜光，亦较耐荫。喜温暖湿润气候亦较耐寒。要求肥沃疏松的土壤，极耐修剪整形。苗木移植多在春季 3 ～ 4 月进行，大苗需带土移栽。主要管理工作是修剪整形。经修剪者，其枝条抽生极易，故一年需多次修剪，以维持一定树形。

设计点睛 

水景增添了景观元素

这里的楼梯边上设计了一个阶梯状的水景叠瀑，丰富了该空间的景观元素，并使之成为地下车库的对景。透过车库半透的装饰隔断可以欣赏楼梯下的叠瀑造型及庭院内温馨的景致。

案例 7

新律花园

Xinlv Garden

项目地点：上海
庭院面积：200 平方米
设计公司：上海热枋花园设计有限公司

源白色花池而入，粉紫背墙引人驻足，浅池中有莲静卧水中，潺潺碧水缓缓流下，花木丰盈，水草丰美，脚下石砖纹理晕染，木栏环绕小院，开阔院中若有儿童嬉戏玩耍，更添别样生机。

或许是因为地段的尊贵，虽然是独栋社区，但是密度还是相当高的，户与户之间几乎是紧挨着。尤其让业主顾虑的是，邻居家出入口的门刚好正对着她家的客厅，这样一来即使坐在家里，也有一种时时被“监控”的感觉。于是我们将客厅玻璃门对出去的那一段绿篱改成了景墙，起先计划做流水景墙，后来大家都感到有些落入俗套，便改成了现在这种用蓝紫色和粉红色两色玻璃间隔组成的彩色景墙。

说到颜色，目前我们国内的花园里，大家似乎都不太敢运用鲜亮的颜色，通常都是白色、米黄、灰色等，这些颜色属于百搭型，在哪里运用固然都不会错，但同时也失去了特色与个性。这里用蓝紫与粉红色，其实是为了在冬天或者花期断档的时候，花园里还有一些供人欣赏的颜色。因为空间有限，水面的面积就不得不压到最低，沿水池的长条花坛里种满了百子莲，宽厚挺拔的叶片本身就非常优美，等到花儿开放，一个个毛茸茸粉蓝粉紫的球儿跟背景墙遥相呼应，一定非常好看。

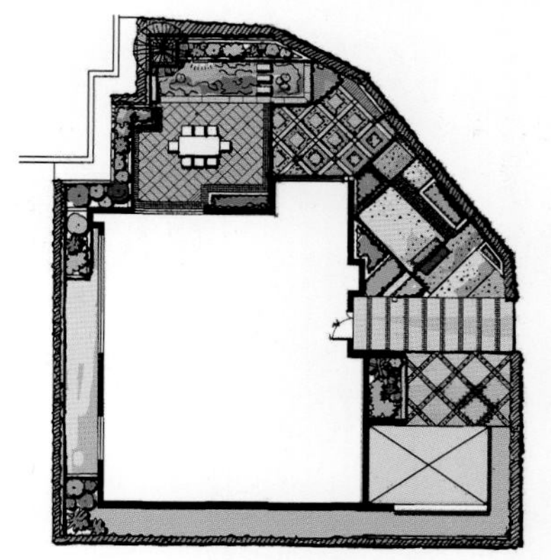

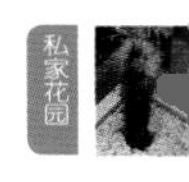

设计点睛 

不落俗套的背墙设计

用蓝紫色和粉红色两色玻璃间隔组成的彩色景墙，不落俗套。这种紫色的色块运用非常大胆，也非常创新，与白色的池壁搭配又是很理性的选择。

设计点睛 

宽阔的儿童娱乐空间

业主偏爱极简风格，在花园方面希望看上去清爽干净，不需要太多的植物，易于打理，另外外籍家庭一般儿童较多，要预留充足的活动空间给孩子们。

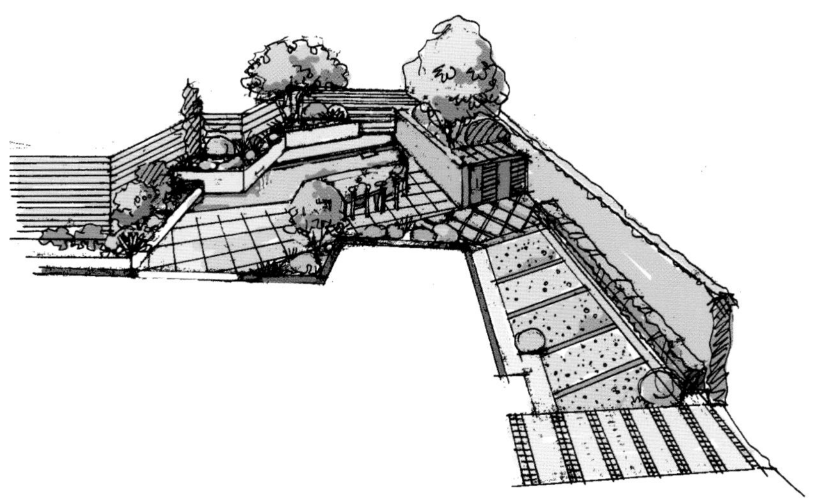

设计点睛 

清浅的水池

考虑到儿童在院子里戏耍的安全，水池的深度也控制在 40 厘米以内，不论是从美学的欣赏水平，还是从安全方面考虑，这样的设计与规划都是极为必要的。

设计点睛 

雅致的跌水

流水缓缓而下，池中泛起水花，百子莲水中飘摇，待花儿开放，必是芙蓉出水，艳惊满庭。

设计点睛 

躺椅歇息

侧院主要是供孩子们活动的地方，位置宽阔，还可以摆放蹦床、滑梯等。最重要的是让这样的巧妙空间发挥最大的功效。

设计点睛 6

雪白的花池

繁花似锦，五彩缤纷，洁白如雪的花池仿佛一张崭新的画布，任凭大自然的灵感闪现，锦上添花。

现代感十足的秋千

设计点睛 7

傍晚，秋千之上与君攀谈，舒适凉爽，看着郁郁葱葱的花园，想着这夏季的静谧，如此惬意。或许趣味的不是秋千，而是秋千带给我们的美好回忆，实在是太多，这会一直延续给我们的下一代。

蜘蛛兰【科属分类】石蒜科，螯蟹花属

多年生草本，地下茎球形而粗大，外被褐色薄片，叶狭长线形，长约 70 ～ 80 厘米，夏季开花，由基部抽出扁圆形的花轴，花被基部有白色蹼状物连结。适宜植于日照充足而温暖处。

叶丛生，具短柄，叶片长剑形，柔软，肉质性，深绿色而有光泽。夏季开花，花冠裂片 6 枚，细线形具芳香，全花雪白，花形清雅绮致，略向下翻卷，花冠下方则结合成杯状，系花丝基部愈合而成者；整朵花形似蜘蛛或鸡爪，故有蜘蛛兰、蜘蛛百合之称。螯蟹花之鳞茎部位有毒，若误食它的鳞茎，将引起呕吐、腹痛、腹泻、头痛等症状。螯蟹花一般皆作花坛或成排列植于道路两旁，十分壮观美好。

喜温暖湿润气候．适应性强，不择土壤。花期夏、秋季。春季分株繁殖。栽培管理简便，北方多盆栽，生长季节除浇水外，每半月追肥一次，夏天炎热季节应放于荫棚下，越冬温度不低于 15℃。南方温暖地区可地栽，但要适当荫蔽，宜拌水良好的土壤。

案例 8

湖景壹号

The First View Of the Lake

项目地点：东莞
庭院面积：8115 平方米
设计公司：广州・德山德水・景观设计有限公司，广州・森境园林・景观工程有限公司

本案是临湖岸庭院，平面来看是一个扇形，建筑面向水岸展开设计并形成一定的夹角，立面造型的样式突出了新古典主义建筑风格特征；花园的风格定位协调了建筑样式与周边环境的关系，突出庭院景观与建筑空间、基地内大环境的连接作用，使得庭院成为总体环境的一个部分。

庭院的空间组织特点突出，运用轴线作为设计的主线，连接室内空间与花园空间之间的关系，这种设计手法突出了古典主义的风格特征；在空间的规划中设计融入了东方园林的造型形式，活跃了空间的氛围，形成了规整与自由的强烈对比。庭院平面布局充分考虑主人的行进路线与环境之间的关系，通过合理的规划避免了建筑平面转角空间形成局促感，并促成庭院中移步换景的视觉效果，本案的特点还在于运用轴线所形成的空间效果并非是对称的形式，而是通过对视线及参观动线的组织形成了丰富的变化，自由的形式组合与中式的造景及建筑基地的周边环境融为一体。
庭院分成两大部分，面向湖区的生活及观赏休闲庭院与入户区庭院景观部分。入户区景观考虑到停车的功能，以硬质铺装为主，在面向建筑主入口的部分设计了水景墙用来阻挡户外道路对主人视线的影响，其设计手法简洁大气，与建筑的设计风格相协调。这些别致的景观组织与室内空间的关系被安置于一条轴线之上，内外环境融会贯通并起到借景的作用。

设计点睛 

别墅旁的跌水

考究的堆石自然回转，清水缓缓流淌而下，层次分明的石板堆叠，增强了跌水的观赏性，小池自然美观，生态感很强。

设计点睛 

石水鱼趣

别致的小池几片睡莲飘荡水面，为这小小的鱼池增添了几分雅致。置身这样的环境之中，让我不禁联想起一些成语或是诗句：鱼翔浅底、水出失落，鱼戏莲叶间等。

池中锦鲤，池上密林

水中的鲜艳锦鲤漫游，池上的树木繁茂，岸头的石块也突显了自然野趣。

设计点睛 

踏园径密林幽幽

茂密林中，黄石为伴，园路的形式极为别致，颠覆了以往传统的铺石方式，草坪显露出的纹饰仿佛神秘的图腾禅意朦胧。

设计点睛 

水上过桥

水上木桥横，仿古的灯具如四盏小亭，分列在木桥的四角，端正规矩。枣红色的木色，石头的灰色，都成了碧绿莲叶与圣洁莲花的背景。

泳池的简约

设计点睛 

与自然古朴的鱼池不同，泳池的设计突出的是简洁与大方，周边植物的配置也不失整体感。三眼喷泉虽比不上自然的泉涌那般唯美，但却是这方水体最美的灵动。

设计点睛 

池边的躺椅

阳伞之下，两把躺椅供主人休息之用，背靠绿植，濒临水畔，无尽的舒适与放松。

设计点睛 

厚重的喷水池

黑色花岗岩给人以庄重感，喷水池的设计简洁大方，水体人工感十足，围绕周围的白色鹅卵石更衬托了这黑石透水的冷静。

设计点睛 

白沙凉亭

木亭下白沙漫漫，宛如枯山水般的禅宗意境飘来，置身其中顿感造园的技法曼妙。即便是雨天，也能够很好地吸收水分，踏在石子路的声响从脚下传来，颇有禅意。

金边龙舌兰【科属分类】龙舌兰科，龙舌兰属

金边龙舌兰多年生常绿草本。为龙舌兰科植物金边龙舌兰的叶。别名：金边莲、龙舌兰、金边假菠萝。用于虚劳咳嗽、吐血、哮喘。性味：性平，味甘、微辛。生长地：多栽培于庭园。分布于西南、华南。原产美洲的沙漠地带，金边龙舌兰可作观赏植物。

多年生常绿草本。茎短、稍木质。叶多丛生，呈剑形，大小不等，小者长25～145厘米，宽5～7厘米，大者长可达1米，质厚，平滑，绿色，边缘有黄白色条带镶边，有红或紫褐色刺状锯齿。花茎有多数横纹，花黄绿色，肉质；雄蕊6，花药丁字形着生；子房3室，花柱钻形。蒴果长椭圆形，胞间开裂。

金边龙舌兰种子多数，扁平，黑色。花期夏季。本品为扁平片状，长短不一，厚1～5毫米，边缘常卷曲。表面黄棕色至深棕色，表面皱纹，密布纵向条纹，叶片边缘淡黄色，较光滑。质脆，易折断，折断面具纤维性。

案例 9

观庭

Appreciate Garden

项目地点：上海
庭院面积：500 平方米
设计公司：上海热枋花园设计有限公司

运用庭院的场地高差，在空间的垂直面上形成丰富的视觉空间，为庭院增添了别样的情趣。户外就餐空间运用装饰壁炉与廊架形成的私密空间与水景之间形成紧密的联系，为主人就餐时增添了许多情趣。

观庭是一个纯独栋赖特风格的别墅豪华社区，每户平均占地近 1000 平方米。我们这个案子花园 500 平方米，分为南院、北院和下沉花园三大块。
本案充分利用现有地形高差，规划了一个叠加水池，面向休闲区自然形成一个 1.2 米高的瀑布墙。北院与下沉花园是连为一体的。虽然是北院，因为是独栋社区，阳光依然不错，建议沿围墙设计一个时尚蔬菜园，可以种植家庭常用的青菜、黄瓜、茄子、香葱等，这样不仅保证了家庭蔬菜食品的食用安全，同时也形成花园里一道美丽的风景。用防腐木制作高约 40 厘米的种植床，这样采摘蔬菜的时候不必过分弯腰，也就不会太劳累了。

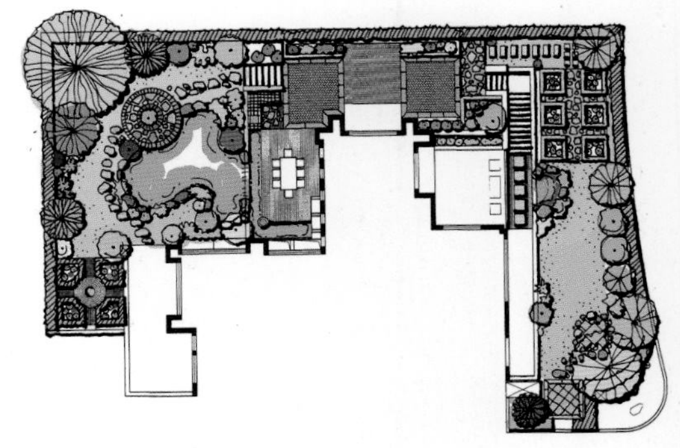

设计点睛 

凉爽的夏日活动区

南院是家庭的主要户外生活区，业主提出希望即使雨水天气也可以在户外活动，建筑架设较大面积的廊架，顶部覆盖夹胶钢化玻璃，再种植爬藤植物，这样既满足了不良天气条件下花园的使用，也保证了夏天活动区的凉爽。

设计点睛 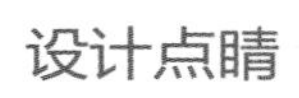 

孩子们的戏水池

这是一个儿童戏水池，内立面贴满蓝色马赛克，营造休闲气氛；下水池强调观赏性，里面种满各种水生植物，同时也对水质起到净化作用。

设计点睛 3

下沉的巧妙构思

花园有一堵3米多高的墙体，正对着业主的书房，而且比较近，显得有些压抑，我们的想法是可以将这堵墙体做成流水墙。

设计点睛 4

流水墙演绎清脆的水声

厚重的墙体因为流水的反光得到适当的虚化，同时清脆的流水声让书房周边的环境显得更加幽静。

设计点睛 

滨水雅座

小水池畔，几把石墩小凳摆在木板小台上，近有鱼水相伴，远有落英缤纷，花木迎风。最令人惊喜的就是，这样的一方优雅静坐旁边，还有一方小池，一方净水相伴，惬意之情溢于言表。木台上的石桌等还进行了纹饰雕刻，复古优美。

设计点睛 

庭院的细部处理

手法与草原式的建筑风格相呼应，采用粗糙的肌理质感作为庭院的表面装饰材料，突出了庭院与建筑之间的关系，保证了环境的总体统一感，同时也突出了庭院乡村式的设计味道。

设计点睛 

园径伴花池

木质的花池种植有草本植物，并非艳丽的花卉，仿佛草坪的垂直延伸自然石板铺就的园路沿花池分布散步顾盼左右，绿色映入眼帘。木质的花池更添自然，敦实的构造，让里面的植物很好地生长，日久时长，定会有碧绿的青苔依附而生，岁月的雕琢也会随之展现。

牵牛花【科属分类】旋花科，牵牛属

牵牛花不仅是篱垣棚架垂直绿化的良好材料，也适宜盆栽观赏，摆设庭院阳台，盆栽宜在4月初，用普通培养土与素面沙土各半，装二号筒盆（内径13厘米），每盆点播4～5粒种子。因种皮较厚，发芽慢，可在种脐上部，用小刀刻破一点种皮。播种后保持25℃，7天左右发芽。观察两片子叶长平时分苗移植，可整坨脱盆把小苗带土分开。作盆栽时随之将主根下端去掉1厘米，用普通培养土栽在二号筒盆，每盆一株，注意露地移植牵牛，绝不许碰伤主根，移苗宜小，宜早，土坨越大越好。

当小苗长出6～7片叶即将伸蔓时，整坨脱出，换上坯子盆（内径24厘米）定植，盆土要用加肥培养土，并施50克蹄片做底肥。栽后浇透水。待盆土落实，在盆中心直插一根1米长的细竹竿。再用3米左右长的铅丝，一端齐土面缠在竹竿上，然后自盆口盘旋向上，形成下大上小匀称的塔形盘旋架。铁丝上端固定在竹竿顶尖。牵牛花为左旋植物，铅丝的盘旋方向必须符合牵牛花向左缠绕的习性，当主蔓沿着铅丝爬到竿顶时，摘去顶尖。侧蔓每长到6～7片叶时掐尖，这样可使花朵大，不断发蔓开花。

案例⑩

燕西园
Yan West Garden

项目地点：北京
庭院面积：140 平方米
设计公司：北京陌上景观设计有限公司

庭院的设计充分考虑色彩的调和与搭配，运用深褐色的木质材料作为庭院装饰的主色调，与建筑的主题色彩相协调，保持其统一性，并给人以温暖、亲切的感觉；在户外休闲空间区域采用木质的装饰作为空间限定的界面，尺度适宜营造了温馨浪漫的气氛，种植在该区的爬藤及花草凸显了乡村风格的设计特点，自然而清新，给人赏心悦目感受。

用绿意盎然来点缀或改善空间的环境是庭院设计比较奏效的设计手法之一，这个案例的室外空间并不富裕，设计师采用了精致的设计手法与空间巧妙搭配，起到了意想不到的效果。首先体现在场地绿化面积的规划上，这个院落的场地狭长缺少开阔的空间，建筑与场地之间的距离比较近，容易产生压迫感。该案的绿化设计采用了收放结合的设计手法，将庭院的围合空间分成封闭及开放两种形式，并充分考虑季节的变化对景观环境的影响，采用花篱作为围墙的一个部分，这样围墙在视觉上既通透，又在不同的花季形成色彩上的变化，给人以时间变化上的提示。与邻里分隔的位置采用封闭的围墙，保证空间的私密性；利用这些围墙作为景观的背景，设计了日式的景观，给人以清新、雅致的感受。

设计点睛 

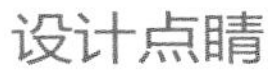

解决建筑距离问题

院落的场地狭长缺少开阔的空间，建筑与场地之间的距离比较近，容易产生压迫感。该案的绿化设计采用了收放结合的设计手法，将庭院的围合空间分成封闭及开放两种形式。

设计点睛 

漂亮的花篱设计

考虑季节的变化对景观环境的影响，采用花篱作为围墙的一个部分，这样围墙在视觉上既通透，又在不同的花季形成色彩上的变化，给人以时间变化上的提示。

设计点睛 

院中小景

不论是石亭还是石板铺装，都采用了自然古朴的设计手法，彰显野趣的同时摒弃人工的痕迹。

设计点睛 

不俗的休憩设施

户外采用深色的家具，在色彩上凸显沉稳、宁静的氛围，这些装饰元素与周边环境的色彩融为一体。与传统作息设施的设计不同，这里不拘泥于配套的座椅，而是很随意地选择了主人喜爱的座椅，位于别墅门口，若不想深入小园，出门坐在这里欣赏一番也可忘忧。

设计点睛 

花池的形式统一

这种整体运用面砖的形式能为空间增色不少，避免了多出的花池因为材质不一形成的混乱，类似于马赛克的拼贴方式，低调而不平庸，色调高级考究。

设计点睛 

木质楼梯扶手

木材材质的选择与环境协调搭配，又有石材的花池相伴，色调统一，卓尔不凡，屋后的小园也被提升了美感。

设计点睛 

水景虽小，意境不凡

都是些常见的设施，但经过设计师的巧妙布局，让此处小景在艳丽野花与青草间熠熠生辉。石头挖出的水槽，积蓄了雨水，里面的青苔曼妙清新，就连旁边的石雕乌龟仿佛都有了生气。

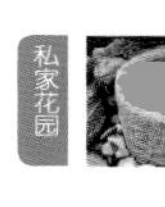

滴水观音【科属分类】天南星科 海芋属

又名滴水莲、佛手莲等，多年生常绿草本植物，有药用价值；在温暖潮湿、土壤水分充足的条件下，便会从叶尖端或叶边缘向下滴水；而且开的花像观音，因此称为滴水观音。

如果空气和湿度过低的话，出来的水分马上就会蒸发掉，因此一般滴水都是在早晨较多，被称为“吐水”现象。

①生长温度为 20 ～ 30℃，最低可耐 8℃低温，夏季高温时只要保持土壤潮湿、经常喷水、遮阴仍能正常生长，冬季室温不可低于 5℃。滴水观音是热带雨林的林下植物，故其生长需高湿度，散射光才好。

②为耐阴植物喜欢半阴环境，应放置在既能遮阴又可通风的环境中。

③特别喜湿，生长季节不仅要求盆土潮湿，而且要求空气湿度不低于 60%。夏季高温时要加强喷水，为其创造一个相对凉爽湿润的环境，置放于室内空调大厅中的，既要保证盆土湿润，又要不时给叶面喷水。若冬季室温不能达到 15℃时应控制浇水，否则易导致植株烂根，一般情况下每周喷 1 次温水即可保持其叶色浓绿。

案例 ⑪

竹溪园

Bamboo Creek Park

项目地点：北京
庭院面积：200 平方米
设计公司：北京率土环艺科技有限公司

没有郁郁葱葱的繁茂植物，却有了山石演绎的厚重序曲，没有游鱼跌水的润泽浅滩，却有了沙石演绎的枯山水韵，木质材料交错期间，柔化了山石的坚硬，恰当点缀的北方植物在必要的地方出现，为整个园林通气，为沙石留白。

因为气候较严苛的关系，往往对北方庭院景观的营造有着很大的局限性。在背光的区域，北方冬季的寒冷令植物很难存活。本案中的景观设计中，加入多样的铺地形式，只用少量的植物来点缀庭院的景观。在效果上确实很难达到南方庭院郁郁葱葱的效果，但也同样让庭院中四季皆有景可观。同时丰富的铺装形式形成独具艺术性的花纹，搭配线条或硬朗、或柔和的植物，倒也别有一番风味。
幼沙、粗石也有着不同的变化，或是色彩、或是大小，时刻丰富着庭院中的种种细微变化。建筑入口处奇异的景石，也给予这处庭院更多的景观可识别性。

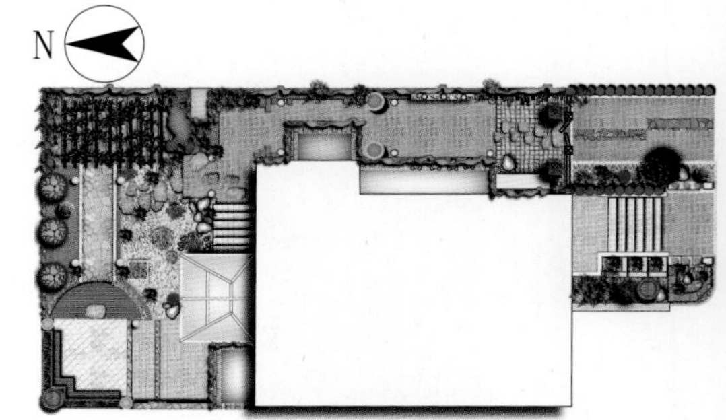

设计点睛 

石韵雅园

假山石、白沙石、零星分布的植物平衡着坚硬的环境，让敦厚感不显沉闷冰冷。就在旁边，即可看到模拟天然黄石的面砖贴在台阶表面，自然的纹理，与假山石的气质极为融合。

设计点睛

枯山水的气韵

白沙石的运用也是有选择的，搭配暗色沙石更添节奏感，几块石头在植物旁安置，越发显得有深意。远处的木桌椅，为园中小酌提供了条件，树影下，藤蔓间心驰神往。

设计点睛 3 面砖材质统一

面砖选择厚重的颜色，与环境极为融合，歇脚的座椅选用木质材料包裹得很是实用美观，亚麻色的木材贯穿至部分地面铺装。

菖蒲【科属分类】天南星科，菖蒲属

多年水生草本植物。有香气，根状茎横走，粗壮，稍扁，直径0.5～2厘米，有多数不定根（须根）。叶基生，叶片剑状线形，长50～120厘米，或更长，中部宽1～3厘米，叶基部成鞘状，中部以下渐尖，中肋脉明显，两侧均隆起，每侧有3～5条平行脉。该物种为中国植物图谱数据库收录的有毒植物，其毒性为全株有毒，根茎毒性较大。口服多量时产生强烈的幻视。原产我国及日本，前苏联至北美也有分布。

案例⑫

锦绣园
Splendid Garden

项目地点：上海
庭院面积：800 平方米
设计公司：上海溢柯花园设计事务所

花园各元素之间均采用柔和的过渡方式来处理，建筑与花园的边界采用开放式的形式来衔接，通过运用灌木及草本植物来处理草地与建筑的边缘，软化了建筑边界的生硬感，用石材铺砌的小径与建筑之间形成量化呼应，这种你中有我我中有你的设计手段成为成功的关键。运用山林石头作为装饰突出总体环境的山林地间的博大与奢华，在设计的节奏把握与尺度的层级 处理上运用的手法恰到好处。

本案的建筑外观突出了美式山地豪宅的设计风范，在庭院总体规划时注重景观元素的造型语言与建筑造型之间的有机联系，运用图案化的设计手法增强环境的统一感；营造自然山野的感觉，突出山间大宅的奢华感。大面积的草皮在庭院的设计中为欣赏建筑本身流出了开阔的空间，大的山石与草皮形成了强烈的材质与肌理对比效果，为烘托整体的奢华感起到了关键的作用，同样高大的乔木与低矮灌木和草皮形成的反差也有异曲同工的效果。
在功能区的总体规划中本案主要设计了两个功能区，一个是入口区附近的户外厨房区，另外一个是水岸边上休息的帐篷区。庭院内的水景设计经过了细致的协调，业主协调甲方增高了经过水域主河道的水位，使得花园的亲水性更加加强，同时丰富了庭院的景观视野。

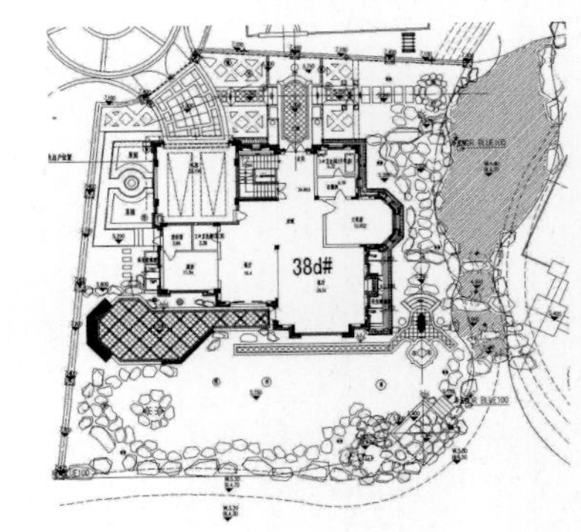

设计点睛 

入口与建筑协调统一

在花园的主入口区采用图案化的设计手法与建筑风格相协调，硬质地面的铺装图案与建筑的总体设计风格相协调，大理石铺装的地面突出了厚重而华贵的气质。

设计点睛 

自然中透出庄重的设计

下沉庭院中的围合墙面装饰有木质网被修剪成几何图案的树篱与地面铺装的透水石子在庄重的氛围中加入了轻松的氛围，绿化与地面铺装的材质采用草本的花草来过渡，自然而柔和。

设计点睛 

园径气势恢宏

花园的东园和南园在设计上以追求自然山野之风为设计的中心思想。在草坪空间中以巨大的山石作为路径的铺装形成了震撼的视觉效果。

设计点睛 

单独设计了一块“自留地”

种植她最喜欢的玫瑰、薰衣草，或者种菜也是很好的选择。时尚菜园（花圃）借鉴了英式花园的常用手法，使用透水红砖作为主要地面材料，路径根据弧形的建筑外墙平行呈发射状布置。

设计点睛 

疏密有致的安排

这些山石延续到水景的泊岸以及庭院的造景之中，在视觉空间中形成疏密有致的点状分布，这些景观与高大的乔木共同构成了山间大宅的奢华感。

山石设计具备家具功能

采用自然元素作为造型的主题因素，突出自然轻松的感受。在帐篷区采用山石作为装饰的元素，一部分的构成已经转变为家具的功能，独具韵味。

设计点睛 

户外厨房

饰面采用了文化石和大理石两种材料作为饰面的装饰材料，与建筑及景观装饰的石头等元素相统一。户外厨房的背景采用深色的木材与铁艺装饰加重了区域空间的厚重感。通过户外厨房区还可以看到自然的开阔河道。

迷迭香【科属分类】唇形科，迷迭香属

迷迭香以种子繁殖时发芽缓慢且发芽率低，据文献记载，若发芽温度介于20℃～24℃时，发芽率低于30%，而且发芽时间长达3～4周，但如果先于20℃～24℃发芽1周后再以4.4℃(40℉)温度处理4周后，发芽率可提高至70%。

因此除非向国外引入新品种，否则以扦插繁殖是既快又有保险的做法，只要购买几盆回来当母本，以50格穴盘内装新的培养土，取顶芽扦插即可，若要加速发根可在扦插前将基部沾些发根粉，插前先以竹筷插一小洞再扦插以免发根粉被培养土擦掉，放在阴凉的地方大约一个月后即可移植。

匍匐种可利用横躺的枝条于接触泥土处先刻伤再浅埋，约一个月后切离母株，就是另外一棵迷迭香，但操作手续较麻烦。

迷迭香的大田移栽苗是扦插枝生根成活的母苗。移栽株行距为40厘米×40厘米，每亩种植数量为4000～4300株。平整好的土地按株行距先打塘，施少量底肥，然后在底肥上覆盖薄土，就可以移栽了。

移栽后要浇足定根水，浇水时不可使苗倾倒，如有倒伏要及时扶正固稳。栽植迷迭香最好选择阴天、雨天和早、晚阳光不强的时候。栽种季节在云南省中部、南部一年四季均可，春秋季最佳。栽后5天（视土壤干湿情况）浇第二次水。待苗成活后，可减少浇水。发现死苗要及时补栽，栽植时要以塘距之间塘中为点成直线，以利通风。

案例 ⑬

凤凰碧园

Phoenix Brigitte Garden

项目地点：广东 广州
庭院面积：450 平方米
设计公司：广州·德山德水·景观设计有限公司，广州·德山德水园林·景观工程有限公司

建筑为欧陆偏现代风格，庭院设计为了与建筑的风格协调统一，在构图上采用现代的设计手法，后庭院分为动、静两个区域，在空间上也强调了疏密关系及软硬对比，同时也强调功能性。后院的自然感尤为明显，不经意间，山水相宜，花木迎春。

别墅通过两个相互连接的庭院为住宅的每个房间提供了精美的视觉享受。这个多功能住宅的泳池与花园是基地宁静山峰陡坡的一个组成部分。唯一保留的本土语言是石头砌筑的挡墙，本土化的景观。项目面临着相当大的挑战：要以一种细腻的方式将各种人工景观元素融入自然海景之中。本项目的工期非常短，因此景观设计师对场地进行了广泛的调查，从而对小气候的变化和高地的森林向陆地的天然沙丘植被和地形之间的过渡进行研究。户外的餐饮空间被无边界的水池所环绕，形成了柔和的边界及舒缓的空间氛围。
后花园的设计借鉴了中国传统的造园理念——挖池筑山。运用土方平衡的原理将定性进行了合理的调整，形成了曲线的山体，地形有了起伏的变化。通过精心设计的山中步道将半山的亭子及户外休闲区有机联系在一起，同时增进了花园的别致与神秘感，让人的视野更加开阔。伴随花园中点缀的野趣，主人可以在不同的场景中停留、休息、欣赏，并使得空间的景观获得移步换景的视觉效果。

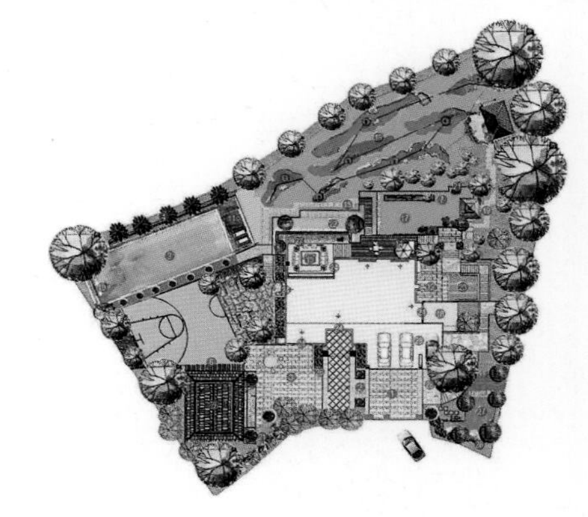

设计点睛 

花木幽幽

苗圃花木的处理上力求自然，雕饰绝不夸张，有着乡村般的纯粹的浑然天成。在树木的高低错落中，在小径与草地的自由穿梭中，莫名花朵的幽香中，小品的点缀，展现平实而浪漫的庭院特点。营造温馨、亲人、纯真且富于生机的私家花园。

设计点睛 

水是统一景观设计的重要元素

在基地的环境中水以大气雾、潺潺的小溪以及庭院内的叠瀑等各种形式显现于人的视野，犹如各种艺术形式中描绘的水的形象。

设计点睛 

简约大气的泳池景色

碧蓝的池水，考究的木质铺装挑台，连花池也是极简主义风格，干净漂亮，花朵艳丽，令人心生爱慕。

设计点睛 

伞下池边的下午茶

泳池边的雪白阳伞，咖啡色的桌椅，木地板的光亮，甩甩未干的头发，喝上一杯饮料，度过一个绝妙的午后。此处临水，在炎炎夏日，定会格外清凉，本来就在树荫下的木台上，更多几分舒适，听着蝉鸣，望着碧水，享受着徐徐细风缓缓飘过。

视野开阔的观景台

设计点睛 

庭院中采用石灰石建造而成的露台及台阶，体现了自然而大气的风格，这些景观构成元素形成了开阔而舒展的视觉效果，色彩有建筑及周边的景观环境融为一体，体现了雅致的情调。

旱伞草【科属分类】莎草科，莎草属

又名水竹，是材用为主的材笋两用竹。竹身细长，节间长，色青，鞭节间较短，根系发达。材质柔韧，富于弹性，纤维极强，表面光滑。水竹全身是宝，不但是工业原料之一，而且用途广泛。竹笋味鲜甘甜，竹编器具和工艺品美观、耐用。

性喜温暖湿润和通风透光，耐荫，忌烈日曝晒。根系纤细，可切根分株繁植，管理很便当。春夏秋以水养为好，冬季可改为盆栽。将植株栽进盆内，以粗河沙、白石子、雨花石、鹅卵石，任选一种填之，然后灌水（河水或雨水最好，沉淀过的自来水也可用）。夏季蒸发量较大，注意兑水、换水，保持水质不受污染。秋季干燥，要防止被风刮倒，可经常向叶面喷雾，晚上让其承受夜露。水竹不太好肥，只要用一两片肥片兑水溶解浇之即可。冬季最好改水养为盆栽，用蛭石、河沙、疏松的培养土都可以，保持一定湿度，并适当修剪，置于室内温暖向阳处，气温不低于5℃就可以安全越冬。

案例 ⑭

纳帕尔湾

Napa's Bending

项目地点：北京
庭院面积：120 平方米
设计公司：北京陌上景观设计有限公司

屋旁一处狭长小院，花丛掩映，绿树茂密草地葱郁，遍地可见静静开放的缤纷小花，不论是边角的纳凉小架藤制桌椅，还是暖色惹人喜爱的木板露台，都是这风情不减的小园不可或缺的魅力所在。

庭院的设计以简约的设计手法呈现，在总体感觉上与建筑的设计风格相协调一致，院内的面积并不是很大，过多的装饰元素及大尺度的景观设置都会形成压抑感，使院内感到拥挤，采用放松的手法来设计是这个案例成功的原因。庭院内设置了紧邻建筑的休息平台、观赏植物区、农耕作物区。采用大面积的草皮作为装饰，紧邻建筑的露台采用暖色的防腐木作为装饰，给人以亲切感。与邻里之间的间隔采用红砖精心砌筑而成，隔墙的花式砌筑手法既阻挡了视线，又具有透气的作用，呼应了周边的环境。院内的小径铺装细致而富于变化，表面粗糙的肌理感充满了返璞归真的气质，细腻的铺装图案使人感到亲切，充分体现了乡村式花园景观的特色。

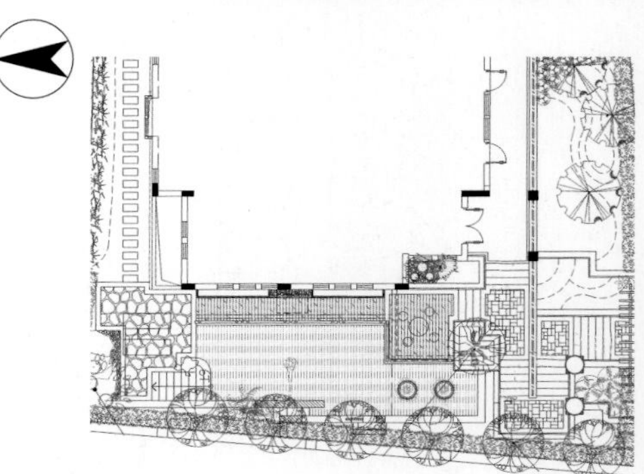

设计点睛

延长的花池

由于区块的因素，狭长的花池沿围墙分布，里面栽种的植物茂密生长，细看下面与草坪之间用白沙石分隔，增加了视觉的层次感。

设计点睛

传统纹饰的地面铺装

道旁的花卉静静开放，点缀着园路，铺装的纹饰是传统道德样式，颜色也选用了比较稳重大方的钴蓝与淡黄色，地砖的颜色与远处花池的重色形成了对比，格外相称。

设计点睛 

露台的空间

紧邻建筑的露台采用暖色的防腐木作为装饰，给人以亲切感，几盆植物、一把阳伞摆上露台，更显主人的细致周到。雪白的阳伞，与雪白的铁艺休息设施都有着浪漫的感觉，在小院里绽放弥漫。

庭院一角见清幽

大面积的草坪中有繁华点缀，一旁的空地上，两把编织藤椅、一张小桌，伴着网格藤架，为炎炎夏日增添了一抹清幽纳凉之地。

案例⑮

亭台溪园

Buildings Creek Park

项目地点：上海
庭院面积：400 平方米
设计公司：上海淘景园艺设计有限公司

一亭一台，通过潺潺小溪相连，遥相呼应，阐述着英伦自然式景观。亭前随意的草坪，赋予主人自由、随意的空间，无论是休憩游乐还是烧烤聚会都不显局促。

亭子周围的自然式细节处理中，虽然只是占据了庭院的一角，但细细品味下，这么小小的一处角落，依然汇聚了山石、亭台、小桥、流水。远处的建筑旁，层层下跌的木质花箱，下有八角金盘生机盎然地充满下部空间，层层跌落的潺潺溪水穿柱而过，让庭院显得愈加自然、美丽。
流动的水给花园带来生气，水里觅食的鱼儿让人的思绪也随着一起快乐的游弋，让紧张工作一周的心情很快得到放松。面对一个10米×1.5米的狭长空间，设计一个现代长条水池。水池空间的营造本应该是迂回曲折，呈自然生存之状，本案选择做这样一个长条水池确为“因地制宜”。虽是简单的长条形布局，但确实可以在立体上营造出景观的更多细节、特色。如此处的水景空间，圆形的涌泉、宽宽的跌水、层层布置的种植、小品，远处的壁炉都在平凡的布局上营造更多的不平凡空间。

设计点睛 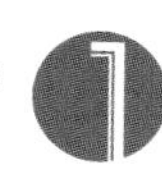

缘溪行忘路之远近

园径回转，原石铺路，草地平坦碧绿，黄石伴道平添了几分自然之感。让我们不禁联想起陶渊明在《桃花源记》中所写的意境，缘溪行，忘路之远近，忽闻……

设计点睛 

庭院虽小，景致俱全

这么小小的一处角落，依然汇聚了山石、亭台、小桥、流水。各种的景观元素相映成趣，互相搭景，相应交错的植物也为之增色不少。

设计点睛 3

游鱼放松心情

流动的水给花园带来生气，水里觅食的鱼儿让人的思绪也随着一起快乐的游弋，让紧张工作一周的心情很快得到放松。

袖珍的跌水

层层下跌的木质花箱，下有八角金盘生机盎然地充满下部空间，层层跌落的潺潺溪水穿柱而过，让庭院显得愈加自然、美丽。

灯笼

石灯笼最早雏形是中国供佛时点的灯，也就是供灯的形式。这种形式经朝鲜传入日本，其例子如平等院凤凰堂佛前的供灯。它表明“立式光明”的意思。在中国的山西省太原的龙子寺址中的摩崖佛前有唐以前的高大灯笼，它是中国最古的例子。在朝鲜的新罗遗迹中有多处石灯笼。庆南庆州的佛国寺、浮石寺、法住寺、华严寺中均有见之。与现在日本的石灯笼不同的是，它们结构较厚。随着佛教在钦明天皇十三年（552年）传入日本以后，石灯笼的技术也传入日本。之后，在日本得到大量应用，并在世界各国广为流传，致使许多人误认为石灯笼是日本独有的园林小品。

石灯笼被用于园林、庭院的装饰始于十六世纪晚期的安土桃山时代。当时由于茶道的大发展，石灯笼常被作为茶室的一种露天装饰物而广泛进入庭院装饰。随着石灯笼用途的改变，石灯笼的样式也就更加多样化了。

兰溪型灯笼

兰溪型灯笼也是一种主要用于园林装饰的石制品，这种形式的石灯笼形态优美，放置于溪流、池塘旁边能增添景观情趣。

现今我国的广东汕头、河北保定、福建泉州等地都有较大规模的石灯笼生产基地。

案例 16

现代欧典园
Modern Europe Allusion Garden

项目地点：上海
庭院面积：600 平方米
设计公司：上海溢柯花园设计事务所

花园内的总体设计很好地解决了场地诸多矛盾，通过巧妙的组织将不利的因素转变为特色成为本案设计的亮点之一；另外在欧式古典与现代风格之间恰到的混搭也充分地体现了设计对风格的娴熟驾驭能力；对花园细部的设计与规划为花园的设计增添了情趣，打破了规则的对称与图案可能形成的呆板，这些特点均成为本案的亮点。

本案的建筑设计风格采用了现代主义的设计理念，花园场地本身是异形的场地，在设计上主人希望设计能反映图案之间的连续性和严格的对称关系。花园原有露台紧邻客厅，面积过大，夏天的日晒缺少纳凉的空间。合理的解决了原有露台与新设计方案之间的矛盾，用适宜的尺度空间来协调场地与建筑、花园内造型的关系，形成了简洁流畅的空间关系。

在花园的整体造型设计中，几何图案的应用是通过对场地路径的设计及集中对称的平台等相结合的，其中几何图案的路径构成与建筑的设计构成风格相统一协调，使得花园空间的分隔与建筑之间形成了统一的整体。略有现代美式庭院的遗风给整个花园带来了清新凝重的感受，廊架的近端设计了半圆形的小景为温馨提供了一个小巧的空间，使得传统廊架看起来不再显得单调和平淡。

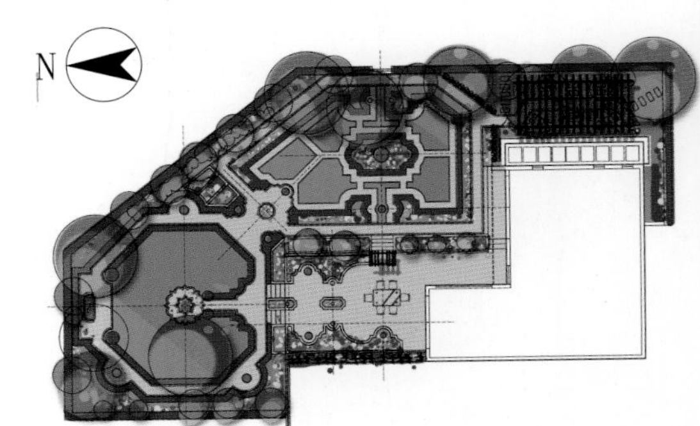

化“干戈”为“玉帛”的场地利用

设计点睛 

将不规则场地与花园造型所体现的对称关系很好地融合在一起，解决了场地的不规则与建筑之间的矛盾，变不利的设计元素为有特点的设计风格。

设计点睛 

混搭风格的展现

利用对称与图案间的关系形成花园的特色，通过图案之间的关系、建筑与花园之间形成了现代与经典之间的混搭，丰富了空间的视野。

设计点睛 3

视觉中心为花园

利用庭院空间的几何造型作为处理手法，很好地解决了庭院的不规则与对称需求之间的矛盾，紧邻别墅建筑的露天平台与平台前的花园成为轴线上的两个重点部位。空间的层次通过这两个主要组成元素决定了花园的视觉中心，通过对图案的连续关系及连接节点的处理使得整个庭院的空间体量的比例比较均衡，另外，平台上的廊架也为业主提供了比较好的休息及休闲空间。

设计点睛 

节点小品

在节点上放置的雕塑也很好地烘托了花园的氛围，增强了空间的艺术感，总体混搭的风格并没有因为反映不同的特色而格格不入，反而在图形的基线上形成了别致的特色。

设计点睛  平台廊架田园情趣

平台的设计也充分地体现了混搭的特点，运用舒适尺度的台阶来连接花园与平台间的关系，既方便了交通，同时给人以舒适感，在这些入口处设置的装饰构架及廊架也为空间之间的连接增添了别样的情趣。

薰衣草【科属分类】唇形科，薰衣草属

薰衣草（学名：*lavandula pedunculata*）属唇形科薰衣草属，原产于地中海沿岸、欧洲各地及大洋洲列岛，后被广泛栽种于英国及南斯拉夫。其叶形花色优美典雅，蓝紫色花序颖长秀丽，是庭院中一种新的多年生耐寒花卉，适宜花径丛植或条植，也可盆栽观赏。薰衣草在罗马时代就已是相当普遍的香草，因其功效最多，被称为“香草之后”。多年生草本或小矮灌木，虽称为草，实际是一种紫蓝色的小花。在浙江一带又称之为蓝香花。薰衣草丛生，多分枝，常见的为直立生长，株高依品种有 30 ～ 40 厘米、45 ～ 90 厘米。在海拔相当高的山区，单株能长到 1 米。叶互生，椭圆形披尖叶，或叶面较大的针形，叶缘反卷。穗状花序顶生，长 15 ～ 25 厘米；花冠下部筒状，上部唇形，上唇 2 裂，下唇 3 裂；花长约 1.2 厘米，有蓝、深紫、粉红、白等色，常见的为紫蓝色，花期 6 ～ 8 月。全株略带木头甜味的清淡香气，因花、叶和茎上的绒毛均藏有油腺，轻轻碰触油腺即破裂而释出香味。

案例 17

碧水佳园

Clear Water Good Garden

项目地点：上海市
庭院面积：450 平方米
设计公司：上海溢柯花园设计事务所

沿路前行营造曲径通幽的氛围，在尽端摆设的沙岩景观雕塑，活跃空间的氛围。行进此处，绿树葱葱，在这里放松心境或驻足思考，呼吸清新空气，享受幽静氛围，是独处的最佳之处。经过精心的设计降低了客观环境影响，营造出闹中取静、极富自然气息的别墅花园景观。

庭院的总体规划充分考虑场地与周边环境的关系，调整入户区的入口布局，方便主人的出入；增加休闲功能空间，为主人提供宽敞的聚会场地，改变庭院生活方式，利用景观绿化的功能布局阻隔城市空间的环境污染源，改善私家庭院的环境质量；通过功能的合理划分及景观元素的系统布置为主人营造了温馨、健康的空间环境。
在草坪上点缀以草本组合的花坛小景，调节空间的气氛，营造宜人的自然景观氛围；在东院内侧与建筑之间巧设一个枢纽，用来联系室内外空间，建立室内客厅与东、南院之间的灵活通道，进而有效提高庭院的利用率。

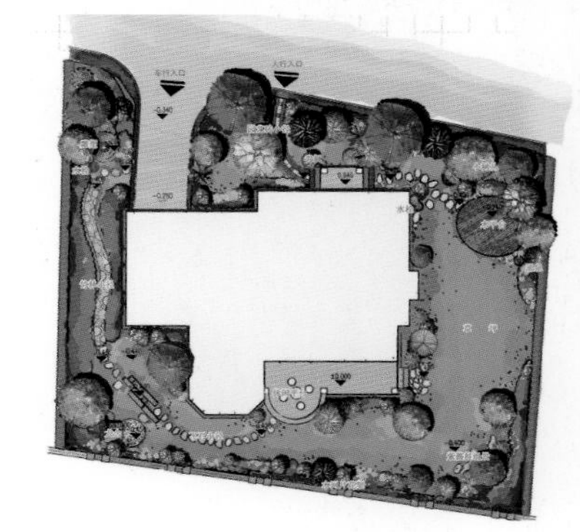

设计点睛 

聚会的休闲平台

庭院的东院是占地面积较大的主体庭院，在这个区域的功能空间规划中设计了供聚会的休息平台，临近北院的一角，平台用木质平台搭建，透过平台可以观赏东院大面积开阔的草坪。

设计点睛 

漫步绿丛进入庭院

在庭院的正门入口处，调整北院边缘入口位置，使其靠近车库一侧，进而方便出入室内及庭院；利用这样的改造，可以通过小径的引领，使人漫步于错落有致的植物群中，直接进入室内，亦可从蜿蜒的汀步经过北院进入东院。

设计点睛 3

植物屏障

南院的庭院景观基于外界是城市道路，有灰尘及噪音等污染的影响，在庭院的边界设计了由砖、铁艺及木网片组成的围墙隔断外界的视线，并在隔墙上种植爬藤植物构成一道自然的屏障，消减外界的噪声及空气污染，还装饰了庭院内的景色。

设计点睛 4

花坛枢纽

在草坪上点缀以草本组合的花坛小景，调节空间的气氛，营造宜人的自然景观氛围；在东院内侧与建筑之间巧设一个枢纽，用来联系室内外空间，建立室内客厅与东、南院之间的灵活通道，进而有效提高庭院的利用率。

设计点睛  竹韵小径

由客厅延伸至南院的石头经汀步一直通往西院，转入西院后演变成独具东方庭院神韵的竹林小径，这里的竹景既可遮阳调节紧邻建筑的室内温度，同时又改善二楼景观，为空间营造出竹叶沙沙之音，使得庭院内充满浓郁的自然音韵。

金光菊【科属分类】菊科，金光菊属

菊科，金光菊属 原产于加拿大及美国，形态特征为多年生草本花卉植物。一般作1～2年生栽培，枝叶粗糙，地植株高可达1—2米，盆栽矮化为20～30厘米，且多分枝，叶片较宽且厚，基部叶羽状分裂5～7裂，茎生叶3～5裂，边缘具有较密的锯齿形状，头状花序生于主杆之上，舌状花单轮，既有倒披针形而下垂，也有上翘花瓣。花瓣长3厘米左右，花展开度为3～7厘米，花色有：桔红、深红、粉红、水红等颜色。花期5～10月，在南方时间更长。此外，还有重瓣金光菊。

金光菊性喜通风良好，阳光充足的环境。适应性强，耐寒又耐旱。对土壤要求不严，但忌水湿。在排水良好、疏松的沙质土中生长良好。虽说是草本植物，但又具有木本植物的特性，茎杆坚硬不易倒伏，还具有抗病、抗虫等特性。因而，极易栽培，同时它对阳光的敏感性也不强，无论在阳光充足地带，还是在阳光较弱的环境下栽培，都不影响花的鲜艳效果，可在春、秋进行分株，或种子繁殖。

案例 18

拉卡斯塔格伦

Pull Card Stass Glen

项目地点：美国　加利福尼亚
庭院面积：485626 平方米
设计公司：美国 mcm 集团

仿佛是电影中的梦幻场景，高大的棕榈树木，洁白色调的庭院建筑装饰，石材的广泛运用，以及巨大的草坪，绽放的花朵，美轮美奂的建筑沉浸在这如醉如梦的景观之中，令人心旷神怡，令人心驰神往。综合性的特色花园中有 170 种植物，每一种植物在触觉、视觉和嗅觉上都给居住者带来花园变幻无穷的美的体验。

拉卡斯塔格伦是位于圣地亚哥北部的一个高档的集体照护公寓社区，它为现有的度假区带来了新的视角。该豪华集体照护设施有私人房间和集体用餐区，老年人可以在住宅区内进行选择。利用创新的景观设计将一个三层高的公寓建筑、一个单层独体别墅和一个健康中心整合为现在的拉卡斯塔格伦蓝图，并延伸 3642 亩地。拉卡斯塔格伦坐落在湖畔山林中，鼓励居住者相互交流，在此享受大自然的美。该项目景观与典型的居民区开发不同，它使拉卡斯塔格伦环绕在丰富的大自然美景中。

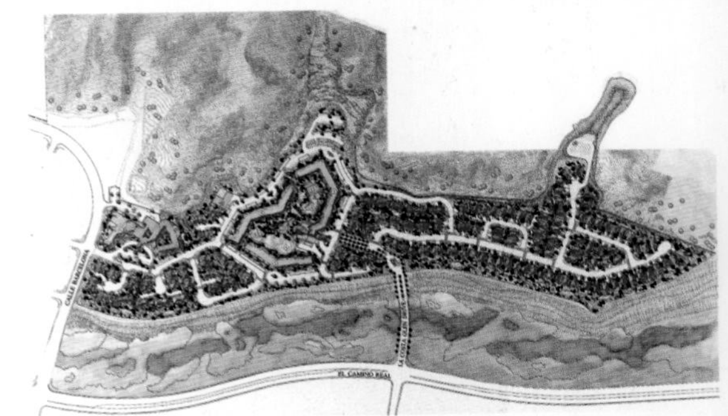

设计点睛 

丰富的景观层次

溪水潺潺，流水依依，越过小桥，走过洁白的亭子，一排排高大笔挺的棕榈树木带给人美感，带给人高贵的视觉感受，置身其中，必定会感受景观造物带给人的心灵享受，欣赏美景，亲近自然。

设计点晴 

源自自然的造物

不论叠石还是跌水，都是有着大自然的神来之笔，尤其是假山石上的植物，以及池边的布景，有着退去人工雕琢的美丽与大方，是设计师的精心设计与构思，也是主人精神世界的写照，水幕潺潺，沁人心脾。

设计点睛 

惬意的美景

阳伞下，小池旁，有掩映的花丛碧草，有迷人的景色阳光。远处的景色是此处的风景，此处的景致也是远处窗外的风景。捧一品茗茶，端一杯咖啡，就着这醉人的风景饮下，映出了自然健康，感受了美妙灵动。

广阔的广场空间

整齐的草坪，美丽的风景，何不在此处挥杆，一试身手，掌舵未来的成功人士愿意把健康挥洒，愿意把热情挥洒，愿意在此情此景指点江山。这里的景观是潮流的典范，是自然与创意的交汇，代表了主人的高端生活风尚与审美格调。

纸莎草【科属分类】莎草科，莎草属

纸莎草（*Cyperus papyrus*），一种水生植物，直立、坚硬、高大，好像芦苇一样生长在浅水中。其叶从植物底部长出，覆盖了茎的下部，可高达 3 ～ 4 英尺；茎部不长叶子，可高达 15 英尺（4.6 米）；花朵呈扇形花簇，长在茎的顶部。纸莎草原生于欧洲南部、非洲北部以及小亚细亚地区。纸莎草是古埃及文明的一个重要组成部分，古埃及人利用这种草制成的纸张，是历史上最早、最便利的书写材料，历经 3000 年不衰。至 8 世纪，中国造纸术传到中东，才取代了纸草造纸术。

属多年生绿色长秆草本，切茎繁殖，叶呈三角，茎中心有髓，白色疏松。茎端为细长的针叶，四散如蒲公英。纸莎草茎部富有纤维，把硬的外层除去后，里面的芯剖为长条，彼此排列整齐，连接成片就可以造纸。纸莎草是古埃及文明的一个重要组成部分，古埃及人对纸莎草十分崇拜，把它当作北方王国的标志。

案例 19

波特兰庭院

Portland Garden

项目地点：北京市
庭院面积：260 平方米
设计公司：北京陌上景观设计有限公司

以自然的设计手法再现返璞归真、粗犷的景观环境。庭院采用火山石作为硬装材质，这些元素所体现的肌理感突出乡村风格的特征，细的沙石铺地与碎拼的火山石小径呈现规整的自由形态，活跃了庭院空间的氛围；庭院设计与主体建筑空间之间具有良好的对应关系，统一感强，突出了典雅的气势。

花园用大面积的草坪作为室外景观空间，经过精心种植的灌木作为建筑外墙与庭院草地之间的过渡元素，不同区域的过渡变得自然而亲切。考虑了室内外空间之间的相互对应关系，保证了整体大气、简约的设计风格在室、内外之间的衔接与过渡；在视线上大面的草坪为建筑在室外空间提供了欣赏建筑本身的场地空间，并保证建筑不至于对人产生压抑感，空旷的庭院场地设计考虑了场地空间中建筑与庭院的视线关系，采用高低搭配的植物丰富了空间的立体层次，使得建筑在不同的角度都有丰富的背景作为映衬。

在花园内不同区域的边界处理上体现了设计对材质细节处理的娴熟技艺，不同尺度的铺砖材料搭配变化丰富，衔接与过渡自然而柔和，没有生硬之感，造型层次上富于变化。

设计点睛 

以自然的设计手法再现返璞归真、粗犷的景观环境

庭院采用火山石作为硬装材质，这些元素所体现的肌理感突出乡村风格的特征，细的沙石铺地与碎拼的火山石小径呈现规整的自由形态，活跃了庭院空间的氛围；庭院设计与主体建筑空间之间具有良好的对应关系，统一感强，突出了典雅的气势。

设计点睛 

大面积的草坪作为室外景观空间

经过精心种植的灌木作为建筑外墙与庭院草地之间的过渡元素，不同区域的过渡变得自然而亲切。考虑了室内外空间之间的相互对应关系，保证了整体大气、简约的设计风格在室内外之间的衔接与过渡。

设计点睛 3

植物作为映衬展现在个个角落

在视线上大面积的草坪为建筑在室外空间提供了欣赏建筑本身的场地空间，并保证建筑不至于对人产生压抑感，空旷的庭院场地设计考虑了场地空间中建筑与庭院的视线关系，采用高低搭配的植物丰富了空间的立体层次，使得建筑在不同的角度都有丰富的背景作为映衬。

设计点睛 

花园内不同区域的边界处

体现了设计对材质细节处理的娴熟技艺，不同尺度的铺砖材料搭配变化丰富，衔接与过渡自然而柔和，没有生硬之感，造型层次上富于变化。

抱茎金光菊【科属分类】菊科，金光菊属

为多年生草本花卉植物。一般作1～2年生栽培，枝叶粗糙，地植株高可达1～2米，盆栽矮化为20～30厘米，且多分枝，叶片较宽且厚，基部叶羽状分裂5～7裂，茎生叶3～5裂，边缘具有较密的锯齿形状，头状花序生于主杆之上，舌状花单轮，既有倒披针形而下垂，也有上翘花瓣。花瓣长3厘米左右，花展开度为3～7厘米，花色有：橘红、深红、粉红、水红等颜色。花期5～9月份，花色金黄，鲜艳夺目。

金光菊适应性很强，既耐寒、耐热，又耐旱、耐涝，虽说是草本植物，但又具有木本植物的特性，茎杆坚硬不易倒伏，除具备以上优点外，它还具有抗病、抗虫等特性。金光菊株型较大，盛花期花朵繁多，五颜六色，繁花似锦，光彩夺目，且开花观赏期长、落叶期短，能形成长达半年之久的艳丽花海景观，因而适合公园、机关、学校、庭院等场所布置，亦可作花坛、花境材料，也是切花、瓶插之精品，此外也可布置草坪边缘成自然式栽植。

案例 20

城市游园

City In The Garden

项目地点：美国 加利福尼亚
庭院面积：350 平方米
设计公司：Blasen Landscape Architecture

花园层的重点是冒险游戏，用各种方法将场地具体化、多样化。简单的一个坡化为三个部分：草坪部分可以供孩子攀爬翻滚也不至于受伤，中间部分供家长行走，而石质滑梯——在公园里最受瞩目的娱乐项目，现在，近在咫尺。

利用场地的高差并通过不同的通行方式来设计庭院空间是这个项目的亮点，大尺度的落差既是这个庭院的突出难点，也是这个方案的成功亮点。设计师处理高差是为了避免过高的落差给人行进产生疲劳感，将情趣与不同的行进体验融入其中，这就是滑梯元素的应用，这些庭院的组成因素很大程度上突破了传统的设计理念，将一个陡坡处理成充满活力的空间。带有户外壁炉的生活空间是紧邻建筑的室内空间，方便主人使用。狭长的庭院空间因为高差一分为二，连接高差之间的过度空间成为庭院的中心，并将两部分不同功能的场地有机地联系在一起，活跃因素的使用（滑梯）也突出对不同使用人的细节关爱。在本案中，有效利用坡下三角区域作为沙坑，既提供了孩子游玩空间，也进一步保障了他们的安全。木制桌椅在不打破环境的和谐下，也为家长提供了休息及照看孩子的地方。

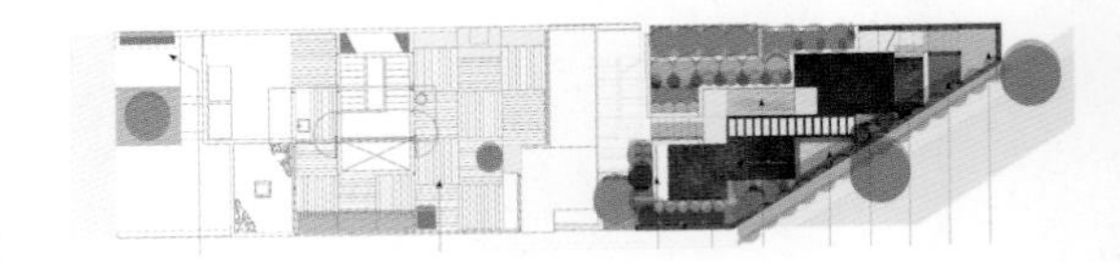

设计点睛 

简单的一个坡化为三个部分

草坪部分可以供孩子攀爬翻滚也不至于受伤，中间部分供家长行走，而石质滑梯——在公园里最受瞩目的娱乐项目，现在，近在咫尺。

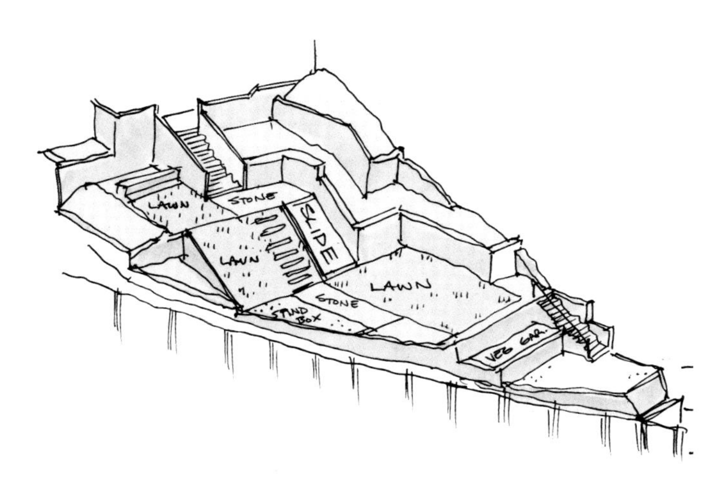

设计点睛 

带有户外壁炉的生活空间是紧邻建筑的室内空间

方便主人使用。狭长的庭院空间因为高差一分为二，连接高差之间的过度空间成为庭院的中心，并将两部分不同功能的场地有机地联系在一起，活跃因素的使用（滑梯）也突出对不同使用人的细节关爱。

设计点睛 

休憩空间的设计

有效利用坡下三角区域作为沙坑，既提供了孩子游玩空间，也进一步保障了他们的安全。木制桌椅在不打破环境的和谐下，也为家长提供了休息及照看孩子的地方。

65

案例 21

翠湖乐园

Green Lake park

项目地点：北京市
庭院面积：418 平方米
设计公司：北京率土环艺科技有限公司

用天然的文化石作为花池及矮墙的装饰，突出了乡村风格的特征；地面整洁的石材及防腐木地板的地面铺装与文化石砌筑的矮墙形成了面与点的对比效果；用卵石铺装的地面粗犷而大气，不同区域的围合界面之间的过渡自然而轻松，与庭院的总体风格统一而协调。

本案是一个独栋别墅的庭院，场地环绕建筑四周，南北的庭院相对宽敞，东西两侧是狭长的空间。花园在设计师的精心规划下，展示出收放自如的空间形象，庭院功能空间的尺度设计亲切，呈现出温馨而自然的空间氛围。

庭院由四部分构成，主要是南北两个部分，北庭院内集合了主人的功能性空间，南庭院是入户区，东西两侧的庭院以观赏及装饰为主题。庭院的总体设计充分体现了严谨的逻辑关系；运用空间的造型及空间造型之间的逻辑关系作为设计的手法是这个案例设计特点；在庭院的设计中突出了两个明显的轴线关系，一个是南北的轴线，另外一个是东西的轴线关系；这些轴线的关系采用对景的手法，将室外景观与室内空间的视线统一起来。

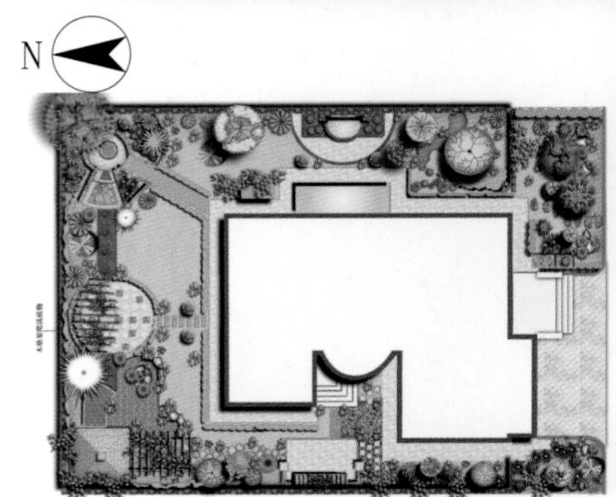

设计点睛 

场地环绕建筑四周

南北的庭院相对宽敞，东西两侧是狭长的空间。花园在设计师的精心规划下，展示出收放自如的空间形象，庭院功能空间的尺度设计亲切，呈现出温馨而自然的空间氛围。

设计点睛 

用天然的文化石装饰

突出了乡村风格的特征；地面整洁的石材及防腐木地板的地面铺装与文化石砌筑的矮墙形成了面与点的对比效果；用卵石铺装的地面粗犷而大气，不同区域的围合界面之间的过渡自然而轻松，与庭院的总体风格统一而协调。

设计点睛 

庭院的总体设计体现严谨的逻辑关系

运用空间的造型及空间造型之间的逻辑关系作为设计的手法是这个案例设计特点；在庭院的设计中突出了两个明显的轴线关系，一个是南北的轴线，另外一个是东西的轴线关系；这些轴线的关系采用对景的手法，将室外景观与室内空间的视线统一起来。

设计点睛  天然材质贯穿整个空间

在庭院的材质处理及造型上运用自然的手法加以装饰，突出自由、轻松的氛围。大量天然的材质与草本植物的搭配呈现了美式乡村的设计风格。

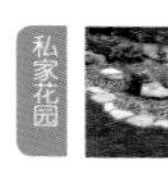

蓝花鼠尾草【科属分类】唇形花科，鼠尾草属

多年生草本，高度 30 ～ 60 厘米，植株呈丛生状，植株被柔毛。茎为四角柱状，且有毛，下部略木质化，呈亚低木状。叶对生长椭圆形，长 3 ～ 5 厘米，灰绿色，叶表有凹凸状织纹，且有折皱，灰白色，香味刺鼻浓郁。具长穗状花序，长约 12 厘米，花小紫色，花量大，花期夏季。生长强健，耐病虫害。

盆栽适用于花坛、花境和园林景点的布置。也可点缀岩石旁、林缘空隙地，显得幽静。摆放自然建筑物前和小庭院，更觉典雅清幽。一般 1 ～ 2 月中旬播种，“五一”应用；7 月中旬播种，“十一”应用。根据需要可随时播种。播后覆土再喷上药液以利种子与基质紧密接触。盖上薄膜或玻璃，要遮阴、保持湿润。5 天左右出苗，出苗后逐渐撤掉薄膜，逐步加强光照。每周用 1000 倍百菌清或甲托防猝倒病，连续 2 ～ 3 次。上盆后温度降至 18℃，过一个月可至 15℃。15℃以下叶黄或脱落，30℃以上则花叶小，停止生长。生长期施用稀释 1500 倍的硫铵，以改变叶色，效果较好。

案例 22

花石间翠色里

Garden Scenery Flying

项目地点：北京市
庭院面积：150 平方米
设计公司：宽地景观设计有限公司

庭院内设置了户外厨房，独立的就餐区、水景观赏区和休闲区等几个功能部分，设计风格带有美式乡村的设计特点，总体色调采用了靓丽的色彩作为主色，塑造了阳光妩媚之下的悠闲氛围。

这个案例的庭院中有两个与建筑紧密相连的平台空间，分别位于建筑的两侧，设计师运用巧妙的高差处理，将平台与功能有机地结合，丰富了空间视野，同时满足了实用功能的需求，使得室内外空间之间相互联系，并成为一个有机的整体。

庭院的设计风格采用美式乡村风格与中式传统园林相结合的手法，在户外厨房及就餐区采用了美式乡村风格的庭院设计语言，白色的木质栅栏及廊架凸显了这种风格的特征，文化石片岩装饰的墙面及地面的锈石铺装突出了这种特征；水景区的跌水造型及驳岸的边界采用了中式庭院的造景手法，用象征自然山水的景观形式，突出自然的视觉效果。

设计点睛 1

庭院的设计风格

采用美式乡村风格与中式传统园林相结合的手法进行设计，在户外厨房及就餐区采用了美式乡村风格的庭院设计语言，白色的木质栅栏及廊架凸显了这种风格的特征。

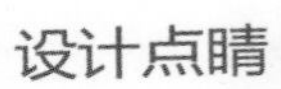 

自然水景

文化石片岩装饰的墙面及地面的锈石铺装突出了这种特征；水景区的跌水造型及驳岸的边界采用了中式庭院的造景手法，用象征自然山水的景观形式，突出自然的视觉效果。

设计点睛 

白色的休憩设施

白色的长廊提供了休憩设施，旁边的亭子下还可以享受恬淡的午后，品尝咖啡或约三两好友品茗，欣赏着这里的美景，听着潺潺的流水看着蔓延到个个角落的绿色植物，安静，柔美。

设计点睛 

地面的铺装

在白色的座椅搭配下十分精细别致，颇具地美式乡村风格的颜色处理在整个环境中尤为突出，白色的木栏栅网格化的效果富有美感，地面的铺装采用鹅卵石铺就，与裂纹拼贴的效果相结合，田园气息浓郁。

水竹【科属分类】莎草科，莎草属

学名：水竹，原产于印度、印度尼西亚，性喜温暖湿润和通风透光，耐荫，水竹忌烈日曝晒。根系纤细，可切根分株繁植，管理很便当。春夏秋以水养为好，冬季可改为盆栽。水养于水仙盆、山石盆、玻璃容器、陶盆瓷钵均可。将植株栽进盆内，以粗河沙、白石子、雨花石、鹅卵石，任选一种填之，然后灌水。夏季蒸发量较大，注意兑水、换水，保持水质不受污染。秋季干燥，要防止被风刮倒，可经常向叶面喷雾，晚上让其承受夜露。水竹不太好肥，只要用一两片肥片兑水溶解浇之即可。冬季最好改水养为盆栽，用蛭石、河沙、疏松的培养土都可以，保持一定湿度，并适当修剪，置于室内温暖向阳处，气温不低于 5℃就可以安全越冬。

水竹对水的要求比较高。最好用矿泉水和纯净水，其次才是自来水，但是必须在用之前先沉淀一下。如果出现杆部腐烂就必须将腐烂的部分及时剪断免腐烂部分扩大，最好是从竹节的地方剪断。一般来说水竹一旦生根就不容易发生腐烂。水最好半个月换一次。

案例23

龙湾趣庭

Longwan Interest Garden

项目地点：北京市
庭院面积：150 平方米
设计公司：北京陌上景观设计有限公司

本案设计的经典之处在于利用庭院有限空间创造出丰富的变化，营造出精致宜人的庭院生活氛围；通过合理空间规划将景观的造型元素与视觉构图有机结合，空间展现出的玲珑、精致的细节给人以意外惊喜。

通过对庭院的细节精心处理，院内的造型层次变化丰富，总体形象小巧而别致，空间气氛别有洞天。
生动感是进入庭院的最大感受，首先源自对空间节奏的规划和把握，运用开、合、收、放的景观空间处理手法作为这个庭院空间节奏的主线，将庭院入口区的路径变成折线的形式，结合地面铺装的形式变化丰富视觉层次，引导人的视线进入到下一个空间范畴。

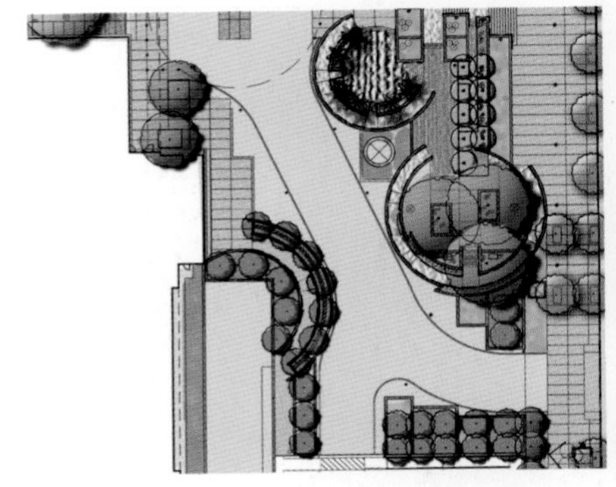

设计点睛

打破小空间的压抑感

在总体规划中充分结合庭院空间尺度，对庭院空间的不同装饰元素进行了合理的搭配和组合，将入口及路径的形式做了简单的调整，使得庭院看上去规整、有序。庭院内的视觉设计统一而富于变化，打破了狭小空间容易形成的压抑感。

设计点睛 

生动感

这是进入庭院的最大感受，首先源自对空间节奏的规划和把握，运用开、合、收、放的景观空间处理手法作为这个庭院空间节奏的主线，将庭院入口区的路径变成折线的形式，结合地面铺装的形式变化丰富视觉层次，引导人的视线进入到下一个空间范畴。

设计点睛 

植物营造清新舒适

在庭院四周的界面种植竹子及相对高大的树木形成了绿意葱葱的效果。庭院中心布置了日式的水景造型，采用整体石材雕琢而成，粗犷而自然，驻留于庭院之中可闻汩汩突泉之音，这些手法营造出清新宜人的空间气氛。

八仙花【科属分类】虎耳草科，八仙花属

八仙花原产日本及中国四川一带。1736 年引种到英国。在欧洲，荷兰、德国和法国栽培比较普遍，在花店可以看到红、蓝、紫等色八仙花品种。在小庭园、建筑物前地栽八仙花也不少。德国兰普·琼格弗拉曾公司是世界著名的生产八仙花的企业，也是八仙花新品种最主要的培育和生产单位。在亚洲，主要是日本盛产八仙花，在园艺商店中八仙花的品种繁多，可以看到许多花色奇异的新品种。

要使盆栽的八仙花树冠美、多开花，就要对植株进行修剪。八仙花生长旺盛，耐修剪。一般可从幼苗成活后，长至 10 ～ 15 厘米高时，即作摘心处理，使下部腋芽能萌发。然后选萌好后的 4 个中上部新枝，将下部的腋芽全部摘除。新枝长至 8 ～ 10 厘米时，再进行第二次摘心。八仙花一般在两年生的壮枝上开花，开花后应将老枝剪短，保留 2 ～ 3 个芽即可，以限制植株长得过高，并促生新梢。秋后剪去新梢顶部，使枝条停止生长，以利越冬。经过这样的修剪，植株的株型就比较优美，大大加强了观赏价值。

案例 24

朗润庭园

Green Garden

项目地点：上海市
庭院面积：50 平方米
设计公司：上海香善佰良景观工程有限公司

春季来临，希望花园多一份绚烂，多一份清凉。想要足够的户外生活空间，当然也要美丽的景观。小庭院的营造，需要在保证私密性的前提下，依然可以拥有宽敞的活动空间。舒适的庭院生活，花园充满生气，为炎炎夏日带来清凉。

对花园空间进行分割利用，注重每个角落的特点。满足主人休憩的需求，同时也让庭院景观丰富起来。对庭院原有物品改造，充分利用到景致中。
为花园主人营造休憩空间，设计一个可以休憩的木平台，作为室内空间的延伸，虽然占去了一半的花园空间，但是与植物充分结合，增强了庭院的整体性。水景往往能为花园景观带来灵动的因素，也让花园有了声音，有了动感。
考虑花园的整体面积，把竖向空间也利用起来。充分利用花园角落景观：落地窗与木围栏间的距离有 1 米左右，角落三面围合，设计师在这里创造了一个小型的日式水景，与植物和白砂石以及汀步结合，小角落利用了起来，水景周围用植物群落布置，利用每一片种植区域，让庭院丰富了许多。

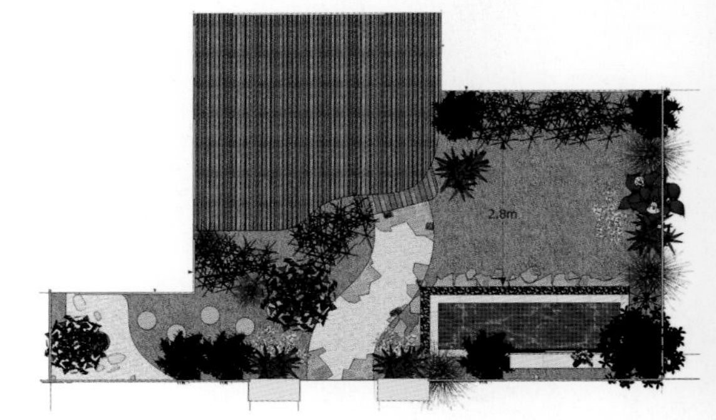

花园内规则的水池

设计点睛

有潺潺的水从水景墙面上流出。池底以及池壁用蓝色贴面，水景墙用锈板不规则拼贴，与业主选择的石材很好融合。池边用中国黑大理石拼贴，与乱板和鹅卵石结合，整个水景为花园增加了灵性。

设计点睛 

围栏围合花园区域

去掉原种植的桂花，用防腐木围栏围合花园区域，高度为1.5米，保证花园足够的私密性，同时木围栏上方20厘米处采用网格设计，又保证了视线的通透性。利用庭院外生长较好的植物，保证枝条的延伸。

设计点睛 

营造休憩空间

为花园主人设计一个可以休憩的木平台，作为室内空间的延伸。木平台大小20平方米，虽然占去了一半的花园空间，但是与植物充分结合，增强了庭院的整体性。

八仙花【科属分类】虎耳草科，八仙花属

八仙花又名绣球、紫阳花，为虎耳草科八仙花属植物。八仙花花洁白丰满，大而美丽，其花色能红能蓝，令人悦目怡神，是常见的盆栽观赏花木。中国栽培八仙花的时间较早，在明、清时代建造的江南园林中都栽有八仙花。20世纪初建造的公园也离不开八仙花的配植。现代公园和风景区都以成片栽植，形成景观。

八仙花属灌木，高1～4米；茎常于基部发出多数放射枝而形成一圆形灌丛；枝圆柱形，粗壮，紫灰色至淡灰色，无毛，具少数长形皮孔。叶纸质或近革质，倒卵形或阔椭圆形，长6～15厘米，宽4～11.5厘米，先端骤尖，具短尖头，基部钝圆或阔楔形，边缘于基部以上具粗齿，两面无毛或仅下面中脉两侧被稀疏卷曲短柔毛，脉腋间常具少许髯毛。伞房状聚伞花序近球形，直径8～20厘米，具短的总花梗，分枝粗壮，近等长，密被紧贴短柔毛，花密集；蒴果未成熟，长陀螺状，连花柱长约4.5毫米，顶端突出部分长约1毫米，约等于蒴果长度的1/3；种子未熟。

案例 25

佘山秀景

Sheshan Beautiful Scenery

项目地点：上海市
庭院面积：120 平方米
设计公司：上海热枋花园设计有限公司

这是幢建筑面积 400 多平方米的独立住宅，花园一百多平方米，这个面积配比对于一般家庭来说有点偏小，但于业主却再合适不过了，因为平时在上海的时间并不多，花园完全交由园丁去打理，花园面积越大，养护成本也相应越高。

业主希望花园作为家庭或者与朋友们举办 party 的附属空间，大家在花园里随便走走，坐坐，聊聊天……

设计紧扣业主的要求，提供了一个简约风格的方案。将出口处的平台扩大，足以放下一张八人桌，其次设置了一个双层叠水池，跌水与平台方向一致，构成休息区的主要景观面。由于平台与地面存在一个 1.2 米的高差，稍显压抑，我们通过平台边抬升的花坛以及沿水设置的长条坐凳，增加了一个中间层次，将高差有效化解，就形成了现在的这个方案。

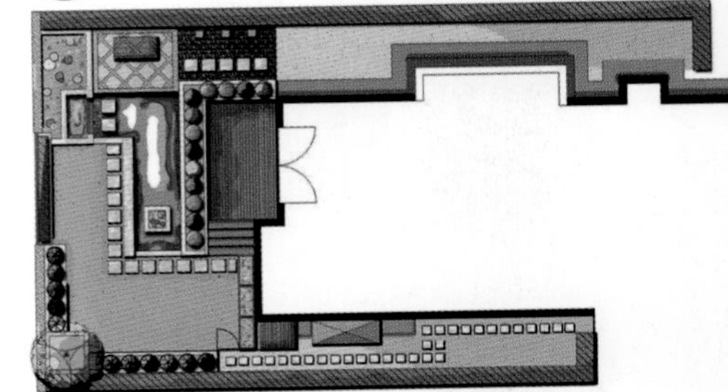

设计点睛 

小空间缔造大层次

简单的提快分割，简单的干湿分区，让这片小小的院子有了非常丰富的层次，水池草地，见方整齐。草坪莲池样样精细，就连坐息设施都是富有自然感的木板饰面，满足各个季节的舒适要求。

设计点睛 

景观亮点

将出口处的平台扩大，足以放下一张八人桌，其次设置了一个双层叠水池，跌水与平台方向一致，构成休息区的主要景观面。

设计点睛 

池中睡莲

一方浅浅的小池，几株淡淡的睡莲，在池子的角落静静生长，在水面悄悄开屏。一处池子的开口恰好可以在水满溢出时形成袖珍的跌水，潺潺之音曼妙回荡在这方浅浅的水池，在此处小小的院落。

变叶木【科属分类】大戟科，变叶木属

变叶木亦称变色月桂。大戟科灌木或小乔木，学名 *Codiaeum variegatum*。叶革质，色彩鲜艷、光亮。常盆栽，在热带为灌丛。原产马来西亚及太平洋地区。可高达 6 米。叶片含花青素，单色或绿、黄、白、橙、粉红、红、大红及紫等，诸色相杂。形态因品种不同而异，呈细长线形、披针形、卵形或有深裂。变叶木以其叶片形色而得名，其叶形有披针形、卵形、椭圆形，还有波浪起伏状、扭曲状等等。其叶色有亮绿色、白色、灰色、红色、淡红色、深红色、紫色、黄色、黄红色等。

这些不同色彩的叶片上又点缀得有千变万化的斑点和斑纹，真可谓"赤橙黄绿青蓝紫，谁持彩练当空舞"，犹如在锦缎上洒满了金点，又好似在宣纸上随意泼洒了彩墨。因此，变叶木也常常被人们称作洒金榕。其实，变叶木是一个园艺品种众多的大家庭，根据叶形和叶色不同而分，大概有 120 多个品种。变叶木又特易于嫁接，如果你有兴趣，可把不同叶形、不同叶色的多种变叶木嫁接在一株上，那定会是一株五彩缤纷、迥非异常、令人叫绝的观叶植物了。

案例 26

天堂谷小景

Paradise Valley

项目地点：美国亚利桑那州
庭院面积：1100 平方米
设计公司：QUARTZ MOUNTAIN RESIDENCE

经典的沙漠植物种植在院中，使庭院与自然环境融为一体。该项目演示了如何利用新的设计思维，将环境、建筑与基地的自然生态系统有机地联系在一起，营造出宇宙万物的共生与共存的和谐空间。

本案的建筑是一个有着 40 年历史的房子，形状狭长，因为发展的需求进行翻新和扩建。改造前门前有一个为户外体验者提供的直通车棚和沥青铺装的汽车停车场。当地特殊的气候要求建筑设置功率大的风扇放置于通往户外的入口处，拆掉玻璃窗外的墙面让内外空气更加流通，在所有太阳能够照射到的地方种植本土植物用来遮阳。使房子与花园相互衬托，这样才能达到项目改造的目的，这也是一次解决脆弱的沙漠生态环境问题的探索。
本着这种设计理念，本案的设计大量应用原生植物，创造了与当地生态系统相匹配的人居花园；该项目对城市景观的贡献是为街道增加了茂密的原生态景观，进而改变了街道形式和景观的历史。

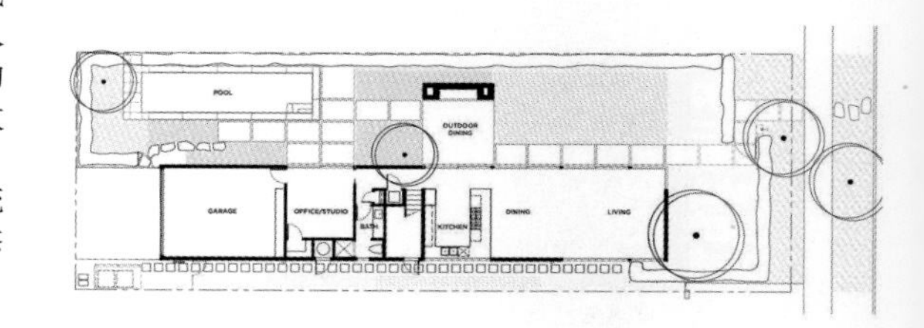

设计点睛 

节能方面的设计

利用沙漠树荫和出挑的大屋顶来屏蔽阳光的直射。还使用了吊扇，节省了房子的使用空间，并使房子成为花园的“凉亭”，同时成为鸟类的庇护空间。庭院中高出地面的草坪将整个视野放大，整个建筑一览无余。

设计点睛 

在庭院中设置可以制造水声的喷泉

用来冲淡汽车噪音给这里带来的污染，它是构成这个改造项目的内容之一。在这个改造的过程中，通过设计模糊的边缘将房子和花园有机地联系在一起，在不同区域的墙上涂装橘色、紫罗兰色等艳丽的色彩作为装饰，增加了庭院的可爱之处。

非原生树木和植物被当地植物所取代

设计点睛 

房子也隐含在当地的人文与自然景观形态之中，种植了新的植物的街道景观发生了转变，要求对街道景观的样式重新进行规划，完全由房子构成的街景将被取代，改造后的室外长方形草地空间可以兼作儿童的活动场地。

仙人掌【科属分类】仙人掌科，仙人掌属

仙人掌是一种植物，也是墨西哥的国花。属于石竹目沙漠植物的一个科。为了适应沙漠的缺水气候，叶子演化成短短的小刺，以减少水分蒸发，亦能作阻止动物吞食的武器；茎演化为肥厚含水的形状；同时，它长出覆盖范围非常之大的根，用作下大雨时吸收最多的雨水。浇水时，忌淋湿茎体。生长期每 10 ～ 15 天施稀薄液肥 1 次，10 月后停肥，否则新生组织柔弱，易受冻害。除炎热夏季中午，仙人掌均可暴晒。11 月～翌年 3 月是仙人掌的休眠期，置于室内阳光充足避风处，在 5℃以上时，即可安全越冬。此时应控制浇水，保持盆土不要过于干燥即可，仙人掌每年要换盆 1 ～ 2 次。以春秋季节进行为好，盆土宜用排水、透气性好的弱碱性土，较粘的土壤可以掺些石灰末或草木灰，使其渗水并呈弱碱性。栽时不要太深，只要能在盆中立稳即可。

嫁接仙人掌，一般以抗旱性强、易亲和的三棱箭作砧木，在 25 ～ 30℃的温度下，于 5 ～ 6 月或 9 月嫁接为好。

特别鸣谢

上海淘景园艺设计有限公司
上海溢柯花园设计事务所
广州·德山德水·景观设计有限公司
上海热枋花园设计有限公司
广州·森境园林·景观工程有限公司
北京陌上景观设计有限公司
北京率土环艺科技有限公司
广州·德山德水园林·景观工程有限公司
美国 mcm 集团
Blasen Landscape Architecture
宽地景观设计有限公司
上海香善佰良景观工程有限公司
QUARTZ MOUNTAIN RESIDENCE